オール
カラー

高 校 入 試 の
要点が1冊で
しっかりわかる本

数学

「勉強のやり方」を教える塾 プラスティー代表　清水章弘／監修

プラスティー教育研究所／編集協力

JN012768

かんき出版

📖 はじめに

　中学生のみなさん、こんにちは！　清水章弘です。東京・京都・大阪で塾を運営していて、そこにはみなさんと同じ、中学生が何百人も通ってくれています。教室で日々、僕たちが生徒たちに伝えていること。それは「**数学は得点源になる**」ということです。

　なぜか。それは「**苦手な人が多い**」からです。だから差をつけることができるのです。
　みなさんの周りにも、多くいませんか。「数学、きらいなんだよね」「わからない問題で手が止まって、気づいたら時間が過ぎちゃっている」という人。ひょっとしたら、みなさんもそうかもしれません。実は僕も、昔はそうでした。数学のテスト中にわからない問題が出ると、頭が真っ白。心臓バクバク。教室から逃げ出したくなっていました（ちなみに小6のとき、塾の算数のテスト中に、本当に教室から逃げ出したこともあります！）。

　でも、習っていた先生方は、僕に言ってくれました。
「**数学は、絶対に得意になる**」と。

　僕はその先生方を信じました。まずは、自分のレベルに合った、簡単な問題から解く。計算の練習もスタート。わからない問題は先生に質問し、単元ごとのアドバイスをもらって、解き直しをする。これらは、当たり前のことでした。でも、**数学は、当たり前のことをやらずに「できない」「きらいだ」と嘆く人が多すぎる**のです。
　そうやって少しずつ数学に慣れ、解けるようになり、得点源になっていきました。次の単元も先取りし、得意教科に変えていきました。基礎から丁寧に理解すれば、解けるようになるのが数学。導いてくれた先生方に感謝ですね。

　この『高校入試の要点が1冊でしっかりわかる本 数学』も、同じような使い方ができるようになっています。苦手な人でも取り組みやすいように、基礎的な例題から始めています。解けるようになったら、確認問題で理解を定着させましょう。間違えた問題は、解き直しを忘れずに。また、「合格へのヒント」には単元ごとのワンポイントアドバイスも書きました。
　とくに**意識してほしいのは、解き直し**。間違い直しノートを1冊つくり、そのノートを埋めるのが勉強だと思ってください。解答や解説は見ずに解いてくださいね。うちの塾の生徒たちにも、常に言っています。解答・解説を読んで「わかったつもり」になるのが、一番こわいです。

　では、最後に。今度は僕からみなさんに、あの言葉を。
　数学は、絶対に得意になる！！！

2023年春　清水章弘

本書の5つの強み

☑ **その1**

中学校3年間の数学の大事なところをギュッと1冊に！

入試に出やすいところを中心にまとめています。受験勉強のスタートにも、本番直前の最終チェックにも最適です。

☑ **その2**

フルカラーでイラスト・図もいっぱいなので、見やすい・わかりやすい！（赤シートつき）

全ページフルカラーでイラストや図もたくさん載っているので、ビジュアルからも内容が頭に入っていきます。 参考 重要 注意 など補足説明も充実しているので、知識がどんどん身につきます。

☑ **その3**

各項目に「合格へのヒント」を掲載！

1見開きごとに、間違えやすいポイントや効率的な勉強法を書いた「合格へのヒント」を掲載。苦手な単元の攻略方法がつかめます。

☑ **その4**

公立高校の入試問題から厳選した「確認問題」で、入試対策もばっちり！

確認問題はすべて全国の公立高校入試の過去問から出題しています。近年の出題傾向の分析を踏まえて構成されているので、効率よく実践力を伸ばすことができます。高校入試のレベルや出題形式の具体的なイメージをつかむこともでき、入試に向けてやるべきことが明確になります。

☑ **その5**

「点数がグングン上がる！数学の勉強法」を別冊解答に掲載！

別冊解答には「基礎力UP期（4月〜8月）」「復習期（9月〜12月）」「まとめ期（1月〜受験直前）」と、時期別の勉強のやりかたのポイントを掲載。いつ手にとっても効率的に使えて、点数アップにつながります。

本書の使いかた

コンパクトにまとめた
解説とフルカラーの
図版です。赤シートで
オレンジの文字が
消えます。

などの補足説明も
載っています。

「合格へのヒント」には
その項目でおさえるべき
ポイントや勉強法の
コツなどを
載せています。

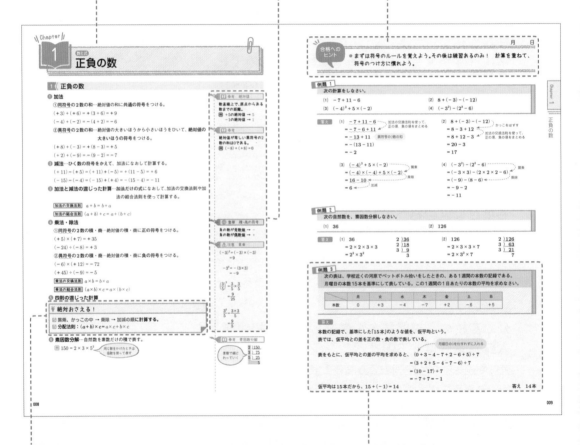

重要項目は
「絶対おさえる！」に
まとめています。

各項目の例題です。自分で解けるか、
まずは解答を隠してノートなどに解いてみましょう。
丸つけの際には、解けなかった問題はもちろん、
解けた問題もよりよい解きかたがないか、
確認しましょう。

確認問題は
すべて全国の
公立高校入試の
過去問を
載せています。

解いたあとは、別冊解答の
解説を確認しましょう。
また別冊解答2ページに載っている
「○△×管理法」にならって、
日付と記号を入れましょう。

すべての問題に
出題年度と
都道府県名を
載せています。

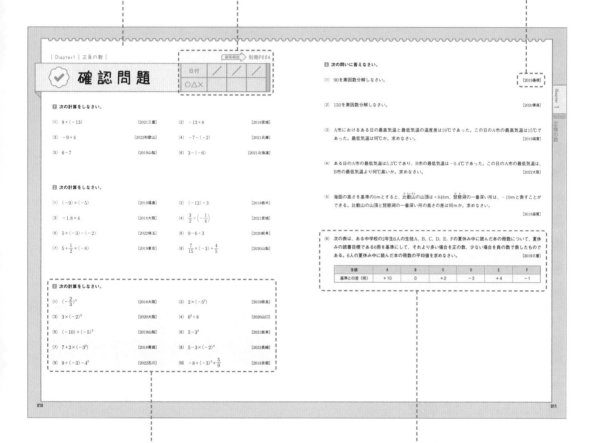

簡単な問題から実戦的な問題まで
そろえています。
本に直接書き込むのではなく、
ノートなどに解いてみるのが
おすすめです。

わからない問題は解説を丁寧に読み、
別冊解答3ページに載っている
「解説付け足し勉強法」を
試してみましょう。

もくじ

数と式

関数

図形

確率、統計

ブックデザイン：dig
図版・イラスト：熊アート
DTP：エムアンドケイ（茂呂田剛、畑山栄美子）
編集協力：マイプラン、プラスティー教育研究所（八尾直輝、西川博謙、安原和貴、池航平、小島大空）

数と式

正負の数

1 正負の数

❶ 加法

①同符号の2数の和…絶対値の和に共通の符号をつける。

$(+3)+(+6)=+(3+6)=+9$

$(-4)+(-2)=-(4+2)=-6$

②異符号の2数の和…絶対値の大きいほうから小さいほうをひいて、**絶対値の大きいほうの符号**をつける。

$(+8)+(-3)=+(8-3)=+5$

$(+2)+(-9)=-(9-2)=-7$

> 📖 参考　絶対値
>
> 数直線上で、原点からある数までの距離。
> 例　+5の絶対値 → 5
> 　　−1の絶対値 → 1

> 📖 参考
>
> 絶対値が等しい異符号の2数の和は0である。
> 例　$(-8)+(+8)=0$

❷ 減法…ひく数の符号をかえて、加法になおして計算する。

$(+11)-(+5)=(+11)+(-5)=+(11-5)=+6$

$(-15)-(-4)=(-15)+(+4)=-(15-4)=-11$

❸ 加法と減法の混じった計算…加法だけの式になおして、加法の交換法則や加法の結合法則を使って計算する。

加法の交換法則　$a+b=b+a$

加法の結合法則　$(a+b)+c=a+(b+c)$

❹ 乗法・除法

①同符号の2数の積・商…絶対値の積・商に正の符号をつける。

$(+5)\times(+7)=+35$

$(-24)\div(-8)=+3$

②異符号の2数の積・商…絶対値の積・商に**負の符号**をつける。

$(-6)\times(+12)=-72$

$(+45)\div(-9)=-5$

乗法の交換法則　$a\times b=b\times a$

乗法の結合法則　$(a\times b)\times c=a\times(b\times c)$

> ⭐ 重要　積・商の符号
>
> 負の数が奇数個 → −
> 負の数が偶数個 → +

> ⚠ 注意　累乗
>
> $(-3)^2=(-3)\times(-3)$
> 　　　$=9$
>
> $-3^2=-(3\times3)$
> 　　　$=-9$
>
> $\left(\dfrac{3}{5}\right)^2=\dfrac{3}{5}\times\dfrac{3}{5}$
> 　　　$=\dfrac{9}{25}$
>
> $\dfrac{3^2}{5}=\dfrac{3\times3}{5}$
> 　　$=\dfrac{9}{5}$

❺ 四則の混じった計算

> 💡 絶対おさえる！
>
> ☑ 累乗、かっこの中 → 乗除 → 加減の順に計算する。
> ☑ 分配法則：$(a+b)\times c=a\times c+b\times c$

❻ 素因数分解…自然数を素数だけの積で表す。

例　$150=2\times3\times5^2$

同じ数をかけたときは指数を使って表す

> 📖 参考　素因数分解
>
> 素数で順にわっていく
>
> $\begin{array}{r}2\,)\underline{150}\\3\,)\underline{75}\\5\,)\underline{25}\\5\end{array}$

● まずは符号のルールを覚えよう。その後は練習あるのみ！　計算を重ねて、符号のつけ方に慣れよう。

例題 1

次の計算をしなさい。

(1)　$-7 + 11 - 6$

(2)　$8 + (-3) - (-12)$

(3)　$(-4)^2 + 5 \times (-2)$

(4)　$(-3^2) - (2^3 - 6)$

答え

(1)　$-7 + 11 - 6$

$= -7 - 6 + 11$ ← 加法の交換法則を使って、正の項、負の項をまとめる

$= -13 + 11$ 　異符号の2数の和

$= -(13 - 11)$

$= -2$

(2)　$8 + (-3) - (-12)$

$= 8 - 3 + 12$ ← かっこをはずす

$= 8 + 12 - 3$ ← 加法の交換法則を使って、正の項、負の項をまとめる

$= 20 - 3$

$= 17$

(3)　$(-4)^2 + 5 \times (-2)$ ← 累乗

$= (-4) \times (-4) + 5 \times (-2)$ ← 乗除

$= 16 - 10$ ← 加減

$= 6$

(4)　$(-3^2) - (2^3 - 6)$ ← 累乗

$= (-3 \times 3) - (2 \times 2 \times 2 - 6)$ ← 乗除

$= (-9) - (8 - 6)$

$= -9 - 2$

$= -11$

例題 2

次の自然数を、素因数分解しなさい。

(1)　36

(2)　126

答え

(1)　36

$= 2 \times 2 \times 3 \times 3$

$= 2^2 \times 3^2$

```
2 ) 36
2 ) 18
3 )  9
     3
```

(2)　126

$= 2 \times 3 \times 3 \times 7$

$= 2 \times 3^2 \times 7$

```
2 ) 126
3 )  63
3 )  21
      7
```

例題 3

次の表は、学校近くの河原でペットボトル拾いをしたときの、ある1週間の本数の記録である。月曜日の本数15本を基準にして表している。この1週間の1日あたりの本数の平均を求めなさい。

	月	火	水	木	金	土	日
本数	0	+3	-4	-7	+2	-6	+5

答え

本数の記録で、基準にした「15本」のような値を、仮平均という。

表では、仮平均との差を正の数・負の数で表している。

表をもとに、仮平均との差の平均を求めると、　$(0 + 3 - 4 - 7 + 2 - 6 + 5) \div 7$ ← 月曜日の0をわすれずに入れる

$= (3 + 2 + 5 - 4 - 7 - 6) \div 7$

$= (10 - 17) \div 7$

$= -7 \div 7 = -1$

仮平均は15本だから、$15 + (-1) = 14$

答え　14本

確　認　問　題

日付	／	／	／
○△×			

❶ 次の計算をしなさい。

(1)　$8+(-13)$　　　　　　　[2021三重]

(2)　$-13+8$　　　　　　　[2018宮城]

(3)　$-9+4$　　　　　　　[2022和歌山]

(4)　$-7-(-2)$　　　　　　[2021兵庫]

(5)　$6-7$　　　　　　　[2019山梨]

(6)　$3-(-6)$　　　　　　[2021北海道]

❷ 次の計算をしなさい。

(1)　$(-9)\times(-5)$　　　　　　[2019福島]

(2)　$(-12)\div3$　　　　　　[2018栃木]

(3)　-1.8×4　　　　　　[2018大阪]

(4)　$\dfrac{3}{2}\div\left(-\dfrac{1}{4}\right)$　　　　　　[2021宮城]

(5)　$5\times(-3)-(-2)$　　　　　　[2022埼玉]

(6)　$9-6\div3$　　　　　　[2020岐阜]

(7)　$5+\dfrac{1}{2}\times(-8)$　　　　　　[2019東京]

(8)　$\dfrac{7}{15}\times(-3)+\dfrac{4}{5}$　　　　　　[2020山梨]

❸ 次の計算をしなさい。

(1)　$\left(-\dfrac{2}{3}\right)^2$　　　　　　[2018大阪]

(2)　$2\times(-5^2)$　　　　　　[2019奈良]

(3)　$3\times(-2)^2$　　　　　　[2020大阪]

(4)　$6^2\div8$　　　　　　[2020山口]

(5)　$(-10)+(-5)^2$　　　　　　[2019山梨]

(6)　$5-3^2$　　　　　　[2021岐阜]

(7)　$7+2\times(-3^2)$　　　　　　[2018青森]

(8)　$5-3\times(-2)^2$　　　　　　[2022長崎]

(9)　$9\div(-3)-4^2$　　　　　　[2022石川]

(10)　$-8+(-3)^2\times\dfrac{5}{9}$　　　　　　[2018京都]

4 次の問いに答えなさい。

(1) 90を素因数分解しなさい。 [2019島根]

(2) 150を素因数分解しなさい。 [2020青森]

(3) A市におけるある日の最高気温と最低気温の温度差は19℃であった。この日のA市の最高気温は15℃であった。最低気温は何℃か。求めなさい。 [2019滋賀]

(4) ある日のA市の最低気温は5.3℃であり、B市の最低気温は −0.4℃であった。この日のA市の最低気温は、B市の最低気温より何℃高いか。求めなさい。 [2022大阪]

(5) 海面の高さを基準の0mとすると、比叡山の山頂は ＋848m、琵琶湖の一番深い所は、−19mと表すことができる。比叡山の山頂と琵琶湖の一番深い所の高さの差は何mか。求めなさい。

[2018滋賀]

(6) 次の表は、ある中学校の2年生6人の生徒A、B、C、D、E、Fの夏休み中に読んだ本の冊数について、夏休みの読書目標である6冊を基準にして、それより多い場合を正の数、少ない場合を負の数で表したものである。6人の夏休み中に読んだ本の冊数の平均値を求めなさい。 [2019三重]

生徒	A	B	C	D	E	F
基準との差（冊）	＋10	0	＋2	−3	＋4	−1

2

数と式

文字と式

1 文字と式

❶ 文字式の表し方

①かけ算の記号×は、省いて書く。

②文字と数の積では、数を文字の前に書く。

　例 $a×3=3a$　　　$5×x=5x$

③同じ文字の積は、数と同様に指数を使って書く。

　例 $a×8×2×a=16a^2$　　　$6×n×n×3×n=18n^3$

④文字の積は、アルファベット順に書く。

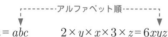

　例 $b×c×a=abc$　　　$2×y×x×3×z=6xyz$

⑤わり算は、記号÷を使わないで、分数の形で書く。

　例 $x÷2=\dfrac{x}{2}$　　　$(a+b)÷8=\dfrac{a+b}{8}$

> ⚠ 注意
>
> 1と文字の積は、1を省いて書く。
> 例 $1×a=a$
> 　$t×(-1)=-t$

> ⚠ 注意
>
> たし算、ひき算の記号は省くことはできない。
> 例 $20×a+15$
> 　$=20a+15$
>
> 　$m÷5-n×3$
> 　$=\dfrac{m}{5}-3n$

❷ 数量を表す文字式

①個数や量を文字で表す。

　例 1個150円のりんごをa個買ったときの代金

　　$150×a=150a$　　　　代金は$150a$円と表せる。

②速さや割合を文字で表す。

　例 道のり$x$kmのコースを2時間かけて走ったときの速さ

　　道のり÷時間　$x÷2=\dfrac{x}{2}$　　速さは時速$\dfrac{x}{2}$kmと表せる。

　例 ある公園の面積がam²で、その30%が花だんであるときの
　　花だんの面積
　　$a×\dfrac{30}{100}=\dfrac{3}{10}a$　花だんの面積は$\dfrac{3}{10}a$m²と表せる。

2 文字式の計算

❶ 文字式の加法・減法

文字の部分が同じ項どうしは、まとめて計算することができる。

　例 $2x+4x=(2+4)x=6x$

　　$-5a+3a=(-5+3)a=-2a$

> 📖 参考
>
> 次のような計算をするときは、文字の部分が同じ項どうし、数の項どうしをまとめて計算する。
> 例 $4y+3-2y+6$
> 　$=4y-2y+3+6$
> 　$=2y+9$

❷ 文字式の乗法・除法

乗法は、乗法の交換法則や分配法則を使う。除法は、分数の乗法の形になおす。

　例 $5x×7=5×7×x=35x$　　　$2(3+4y)=6+8y$

　　$28b÷4=\dfrac{28b}{4}=\dfrac{28×b}{4}=7b$

> 📖 参考
>
> 交換法則 $a×b=b×a$
> 分配法則 $a(b+c)=ab+ac$

● 異なる文字は足し引きができないことに注意！計算法則の練習を重ねよう。
● 不等式は不等号の向きに注意！立式した後に、もう一度大小を確認しよう。

3 関係を表す式

❶ **数量の関係を等式に表す**…2つの数量が等しい関係を等号「＝」を使って表した式を等式という。

　例 ボールがa個ある。b人の子ども達に3個ずつ分けたところ、4個余った。この数量の関係を等式に表すと、$a = 3b + 4$

❷ **数量の関係を不等式に表す**…2つの数量の大小関係を不等号「＞、＜、≧、≦」を使って表した式を不等式という。

　例 1個80円のミカンx個と、1個90円のリンゴy個を買うのに、1000円では足りなかった。この数量の関係を不等式に表すと、$80x + 90y > 1000$

📖 参考　不等号

・＜　＞
例 $a < b$
「aはbより小さい（未満）」
$x > y$
「xはyより大きい」

・≦　≧
例 $m \leq n$
「mはn以下」
$y \geq z$
「yはz以上」

例題 1

次の計算をしなさい。

(1)　$7x - 5 + 3x + 8$

(2)　$2(3a + 7) - (-2a + 7)$

答え

(1)　$7x - 5 + 3x + 8$ ……文字の項、数の項、それぞれでまとめる
$= 7x + 3x - 5 + 8$
$= 10x + 3$

(2)　$2(3a + 7) - (-2a + 7)$ ……かっこをはずして、文字の項、数の項、それぞれでまとめる
$= 6a + 14 + 2a - 7$
$= 6a + 2a + 14 - 7$
$= 8a + 7$

例題 2

次の数量の関係を、等式か不等式に表しなさい。

(1)　x枚の紙を、1人に3枚ずつy人に配ると2枚余る。

(2)　ある数aに8をたした数は、もとの数aの2倍より小さい。

答え

(1)　配った紙の枚数は、$3y$枚 ……yを使って、紙の枚数を表す
2枚余るから、紙の枚数は、$(3y + 2)$枚
したがって、$x = 3y + 2$　と表せる。

(2)　ある数aに8をたした数は、$a + 8$
もとの数aの2倍は、$2a$
したがって、$a + 8 < 2a$　と表せる。
　　　　　　　　　　　…… $(a + 8)$ が、$2a$より小さいことを表す

解答解説 別冊P004

 確 認 問 題

日付	／	／	／
○△×			

■ **次の計算をしなさい。**

(1) $4x + x$ 　　　　　　　　　　　　　　　　　[2018埼玉]

(2) $-2a + 5a$ 　　　　　　　　　　　　　　　[2019埼玉]

(3) $\dfrac{2}{3}a + \dfrac{1}{2}a$ 　　　　　　　　　　　　　　[2018滋賀]

(4) $x + 4 + 5(x - 3)$ 　　　　　　　　　　　[2020大阪]

(5) $4(x + 2) + 2(x - 3)$ 　　　　　　　　　　[2022奈良]

(6) $3(2a - 3) - 4(a - 2)$ 　　　　　　　　　[2021富山]

(7) $\dfrac{3a + 1}{4} - \dfrac{4a - 7}{6}$ 　　　　　　　　　　[2019京都]

(8) $\dfrac{5x + 3}{3} - \dfrac{3x + 2}{2}$ 　　　　　　　　　　[2019愛知]

(9) $\dfrac{x}{2} - 2 + \left(\dfrac{x}{5} - 1\right)$ 　　　　　　　　　[2021愛媛]

(10) $\dfrac{3x - 2}{4} - \dfrac{x - 3}{6}$ 　　　　　　　　　　[2021愛知]

② **次の計算をしなさい。**

(1) $\dfrac{3x - 2}{5} \times 10$ 　　　　　　　　　　　　[2019栃木]

(2) $9 \times \dfrac{2x - 1}{3}$ 　　　　　　　　　　　　[2020香川]

3 次の問いに答えなさい。

(1) $a = -3$ のとき、$-a + 8$ の値を求めなさい。 [2021大阪]

(2) a 個のりんごを、10人の生徒に b 個ずつ配ったら、5個余った。この数量の関係を等式で表しなさい。 [2019香川]

(3) 100個のいちごを6人に x 個ずつ配ったところ、y 個余った。この数量の関係を等式で表しなさい。 [2020栃木]

(4) 卵が全部で a 個あり、それを10個ずつパックに入れると b パックできて3個余った。a を求める式を、b を使って表しなさい。 [2022島根]

(5) a 個のお菓子を、b 人に3個ずつ配ると、2個余る。この数量の関係を等式で表しなさい。 [2018奈良改]

(6) サイクリングコースの地点Aから地点Bまで自転車で走った。地点Aを出発して、はじめは時速13kmで a km走り、途中から時速18kmで b km走ったところで、地点Bに到着し、かかった時間は1時間であった。このときの数量の関係を等式で表しなさい。 [2018秋田]

(7) 1個 a g のゼリー6個を、b g の箱に入れたときの全体の重さは800g未満であった。この数量の関係を不等式で表しなさい。 [2022徳島]

(8) ある数 x を3倍した数は、ある数 y から4をひいて5倍した数より小さい。これらの数量の関係を不等式で表しなさい。 [2021富山]

(9) ある動物園の入場料は、おとな1人が a 円、中学生1人が b 円である。おとな2人と中学生3人の入場料の合計が2000円以下であった。この数量の関係を不等式で表しなさい。 [2019青森改]

(10) 1個 a kg の品物3個と1個 b kg の品物2個の合計の重さは、20kg以上である。この数量の関係を不等式で表しなさい。 [2020秋田]

(11) 1個 a 円のみかんと1個 b 円のりんごがある。このとき、不等式 $5a + 3b \leqq 1000$ は、金額についてどんなことを表しているか、説明しなさい。 [2020島根]

3 数と式 式の計算

1 多項式の計算

❶ 多項式の加減…同類項をまとめる。

> 例 $3x+2y+4x-7y=(3+4)x+(2-7)y=7x-5y$
>
> $2a^2-3a+6a+3a^2=(2+3)a^2+(-3+6)a=5a^2+3a$

> 📖 参考 **同類項**
>
> $4x^2+x-2x^2+3x$
> のような式で、
> $4x^2$と$-2x^2$、xと$3x$
> のように、文字の部分が同
> じ項を同類項という。

❷ 多項式と数の乗除…分配法則を使って計算する。多項式の除法は、わる数の
逆数をかける乗法になおして計算する。

> 例 $5(3x-2y)=5×3x-5×2y=15x-10y$
>
> $(9a+6b)÷3=(9a+6b)×\dfrac{1}{3}=\dfrac{9a}{3}+\dfrac{6b}{3}=3a+2b$

> ⚠ 注意 **逆数**
>
> $\dfrac{3}{4}a$の逆数は、$\dfrac{4}{3a}$
>
> ※aの位置に注意する！

❸ 単項式の乗除

　①単項式の乗法…係数の積に文字の積をかける。

　②単項式の除法…乗法になおして計算する。

> 例 $5x×(-3y)=5×(-3)×x×y=-15xy$
>
> $12a^2÷(-4a)=-\dfrac{12a^2}{4a}=-3a$
>
> $-\dfrac{9}{2}xy÷\dfrac{3}{4}y=-\dfrac{9×x×y×4}{2×3×y}=-6x$

> 📖 参考 **次数**
>
> 単項式で、かけあわされて
> いる文字の個数を、その式
> の次数という。
> $3x,2y$の次数は1
> $2a^2$の次数は2

❹ 等式の変形…等式を変形して、ある文字について解く。

> 例 $x+3y=5$ をxについて解く。
>
> $\underline{x}+3y=5$ 　「$x=$」の形にする
>
> 　$x=5-3y$

> 📖 参考
>
> $5x×(-4y)=-20xy$
> 係数の積　文字の積

❺ 式の値…式の中の文字に数を代入して計算した結果。

> 例 $a=4$、$b=-\dfrac{1}{2}$のとき、次の式の値を求めなさい。
>
> 　$3(a+2b)+2(3a-b)$
>
> $=3a+6b+6a-2b$
>
> $=9a+4b$
>
> この式に$a=4$、$b=-\dfrac{1}{2}$を代入すると、
>
> $9a+4b=9×4+4×\left(-\dfrac{1}{2}\right)=36-2=34$

> ⚠ 注意
>
> 文字に負の数を代入する場
> 合は、必ず（　）をつける。
> 例 $4x+13$の式に
> 　$x=-2$を代入
> 　$4x+13$
> $=4×(-2)+13$
> $=-8+13$
> $=5$

合格への
ヒント

● 割り算（除法）は「分数のかけ算」に直して計算しよう。まずは丁寧にやり方を身につけ、徐々に計算スピードを上げていこう。

例題 1

次の計算をしなさい。

(1)　$2(4x - 3y) - (7x + 2y)$

(2)　$\dfrac{2a+1}{3} - \dfrac{a-3}{2}$

(3)　$2a \times (-3a^2)$

(4)　$\dfrac{5}{8}xy \div \dfrac{15}{16}y$

答え

(1)　$2(4x - 3y) - (7x + 2y)$
　　$= 8x - 6y - 7x - 2y$　　分配法則を使う
　　$= 8x - 7x - 6y - 2y$　　順番を入れかえる
　　$= x - 8y$　　同類項をまとめる

(2)　$\dfrac{2a+1}{3} - \dfrac{a-3}{2}$

　　$= \dfrac{2(2a+1) - 3(a-3)}{6}$　　通分する

　　$= \dfrac{4a + 2 - 3a + 9}{6}$　　分配法則を使う

　　$= \dfrac{a + 11}{6}$　　同類項をまとめる

(3)　$2a \times (-3a^2)$　　係数と文字に分解する
　　$= 2 \times a \times (-3) \times a \times a$　　係数の積、文字の積をまとめる
　　$= 2 \times (-3) \times a \times a \times a$
　　$= -6a^3$

(4)　$\dfrac{5}{8}xy \div \dfrac{15}{16}y = \dfrac{5xy}{8} \div \dfrac{15y}{16}$　　文字を分子に移す

　　$= \dfrac{5xy \times 16}{8 \times 15y}$　　わる数の逆数をかける

　　$= \dfrac{2}{3}x$

例題 2

次の問いに答えなさい。

(1)　$x = 2$、$y = -1$のとき、$6(2x - 7y) + 2(-4x + 5y)$の値を求めなさい。

(2)　$c = \dfrac{a+b}{2}$をaについて解きなさい。

答え

(1)　$6(2x - 7y) + 2(-4x + 5y)$　　最初の式の文字に、いきなり数値を代入すると、計算が難しくなる場合は、まずは、文字の式を計算して、簡単な形の式になおす
　　$= 12x - 42y - 8x + 10y$
　　$= 4x - 32y$　　式を計算する
　　　$x = 2$、$y = -1$を代入して、
　　　$4 \times 2 - 32 \times (-1) = 40$　　代入する

　　　　負の数を代入するときは、必ず（　）をつける

(2)　$c = \dfrac{a+b}{2}$　　両辺を2倍する　　分数の形は計算しにくいので、分母をはらう
　　$2c = a + b$　　両辺を入れかえる　　aについて解くので、aが左辺にくるようにする
　　$a + b = 2c$　　bを右辺に移項する　　左辺にある「$+b$」を「$-b$」に変えて、右辺に移す
　　$a = 2c - b$

確 認 問 題

日付	／	／	／
○△×			

1 次の計算をしなさい。

(1) $6x+7y-2(x+3y-9)$ 　　[2021山梨]

(2) $3(x-2y)+(2x+3y)$ 　　[2018沖縄]

(3) $4(x+y)-3(2x-y)$ 　　[2020栃木]

(4) $3(2x-y)+2(4x-2y)$ 　　[2019和歌山]

(5) $3(5a-b)-(7a-4b)$ 　　[2020東京]

(6) $3(4x+y)+2(-6x+1)$ 　　[2020宮城]

(7) $3(4a-3b)-6\left(a-\dfrac{1}{3}b\right)$ 　　[2020愛媛]

(8) $4(3x+y)-6\left(\dfrac{5}{6}x-\dfrac{4}{3}y\right)$ 　　[2020京都]

(9) $\dfrac{x+y}{2}-\dfrac{3x-5y}{8}$ 　　[2018三重]

(10) $\dfrac{x-2}{2}+\dfrac{2x+1}{3}$ 　　[2018富山]

(11) $\dfrac{5a-b}{2}-\dfrac{a-7b}{4}$ 　　[2021東京]

(12) $\dfrac{3x-2y}{7}-\dfrac{x+y}{3}$ 　　[2018静岡]

2 次の計算をしなさい。

(1) $12ab\times\dfrac{2}{3}a$ 　　[2018岡山]

(2) $\dfrac{1}{6}a^2\times(-4ab^2)$ 　　[2020栃木]

(3) $8xy^2\times\dfrac{3}{4}x$ 　　[2019山梨]

(4) $12x^3\div2x^2$ 　　[2018大阪]

(5) $2x^3y^2\div\dfrac{1}{2}xy^2$ 　　[2019石川]

(6) $56x^2y\div(-8xy)$ 　　[2021山梨]

(7) $-4^2x^2y^3\div2xy^2\times5x^2y$ 　　[2018新潟]

(8) $8a\div(-4a^2b)\times ab^2$ 　　[2019高知]

(9) $9a^2b\div\dfrac{3}{2}ab\times b$ 　　[2018青森]

(10) $(-5a)^2\times8b\div10ab$ 　　[2019静岡]

3 次の問いに答えなさい。

(1) $a=7$、$b=-3$のとき、a^2+2abの値を求めなさい。 [2022北海道]

(2) $x=-1$、$y=\dfrac{7}{2}$のとき、x^3+2xyの値を求めなさい。 [2020山口]

(3) $a=\dfrac{1}{7}$、$b=19$のとき、ab^2-81aの式の値を求めなさい。 [2019静岡]

(4) $x=3$、$y=-2$のとき、$4xy\times\dfrac{y^2}{2}$の値を求めなさい。 [2018長崎]

(5) $x=1$、$y=\dfrac{1}{3}$のとき、$3(x-2y)+4(x+3y)-9$の値を求めなさい。 [2018徳島]

(6) $a=\dfrac{1}{2}$、$b=3$のとき、$3(a-2b)-5(3a-b)$ の値を求めなさい。 [2020秋田]

(7) 等式$5a+9b=2$をbについて解きなさい。 [2019宮城]

(8) 等式$4x+3y-8=0$をyについて解きなさい。 [2021和歌山]

(9) 等式$3(4x-y)=6$をyについて解きなさい。 [2021香川]

(10) 等式$a=\dfrac{3b+c}{2}$をbについて解きなさい。 [2018佐賀]

(11) 等式$a=\dfrac{2b-c}{5}$をcについて解きなさい。 [2021栃木]

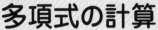
数と式
多項式の計算

1 多項式の計算

❶ 多項式の乗除

①単項式×多項式　$a(b+c) = ab + ac$

例 $2a(5a + b) = 2a \times 5a + 2a \times b = 10a^2 + 2ab$

②多項式÷単項式　$(a+b) \div c = (a+b) \times \dfrac{1}{c} = \dfrac{a}{c} + \dfrac{b}{c}$

例 $(12a^2 + 8a) \div 4a = \dfrac{12a^2}{4a} + \dfrac{8a}{4a} = 3a + 2$

③多項式×多項式　$(a+b)(c+d) = ac + ad + bc + bd$

例 $(a+3)(b-5) = ab - 5a + 3b - 15$

$(x + 2y)(3x - y) = 3x^2 - xy + 6xy - 2y^2$

$\qquad\qquad\qquad = 3x^2 + 5xy - 2y^2$

> 📖 **参考**
>
> 単項式や多項式の積の形の式を、かっこをはずして単項式の和の形に表すことを展開するという。

> ⭐ **重要**
>
> $(x+2)(x+4)$
> 展開↓　↑因数分解
> $x^2 + 6x + 8$

> ⚠️ **注意**
>
> 展開した式に同類項があるときは、同類項をまとめて計算する。

❷ 乗法公式

> 💡 **絶対おさえる！　乗法公式**
>
> ☑ **乗法公式**　
> 1 $(x+a)(x+b) = x^2 + (a+b)x + ab$
> 2 $(x+a)^2 = x^2 + 2ax + a^2$
> 3 $(x-a)^2 = x^2 - 2ax + a^2$
> 4 $(x+a)(x-a) = x^2 - a^2$

❸ **因数分解**…多項式をいくつかの因数の積として表すことを、その多項式を因数分解するという。

▶ **因数分解のしかた**

1 多項式の各項に<u>共通な因数</u>があればくくり出す。

$\underline{m}a + \underline{m}b = \underline{m}(a+b)$

2 **因数分解の公式を利用する。**

　　┗乗法公式の左辺と右辺を入れかえた式

例 $x^2 + 10x + 25$ では、

$25 = 5^2$、$10x = 2 \times 5 \times x$ だから、

$x^2 + 10x + 25 = x^2 + 2 \times 5 \times x + 5^2$

$\qquad\qquad\qquad = (x+5)^2$

> ⭐ **重要**
>
> **因数分解の公式**
> 1′ $x^2 + (a+b)x + ab$
> 　$= (x+a)(x+b)$
> 2′ $x^2 + 2ax + a^2 = (x+a)^2$
> 3′ $x^2 - 2ax + a^2 = (x-a)^2$
> 4′ $x^2 - a^2 = (x+a)(x-a)$

● 括弧を展開するときは、特に符号に注意しよう。乗法公式は必ず覚え、素早く計算できるように。

 例題 1

次の問いに答えなさい。

(1) $(9x^2y - 6x) \div 3xy$ を計算しなさい。

(2) $(2x + y)(x - 3y)$ を展開しなさい。

答え

(1) $(9x^2y - 6x) \div 3xy$ ……わる数の逆数をかける

$= (9x^2y - 6x) \times \dfrac{1}{3xy}$

$= \dfrac{9x^2y}{3xy} - \dfrac{6x}{3xy}$ ……約分する

$= 3x - \dfrac{2}{y}$

(2) $(2x + y)(x - 3y)$ ……分配法則を利用する

$= \underset{①}{2x \times x} + \underset{②}{2x \times (-3y)} + \underset{③}{y \times x} + \underset{④}{y \times (-3y)}$

$= 2x^2 - 6xy + xy - 3y^2$ ……同類項をまとめる

$= 2x^2 - 5xy - 3y^2$

例題 2

次の式を展開しなさい。

(1) $(x + 6)(x - 8)$

(2) $(3a + 5)^2$

答え

(1) $(x + 6)(x - 8)$ ……公式❶で aが6、bが-8のときと考える

$= (x + 6)\{x + (-8)\}$

$= x^2 + (6 - 8)x + 6 \times (-8)$

$= x^2 - 2x - 48$

(2) $(3a + 5)^2$ ……$3a$をAとおく

$= (A + 5)^2$ ……公式❷を利用

$= A^2 + 10A + 25$ ……Aを$3a$にもどす

$= (3a)^2 + 10 \times 3a + 25$

$= 9a^2 + 30a + 25$

例題 3

次の式を因数分解しなさい。

(1) $3x^2 + 6x - 24$

(2) $9x^2 - 25y^2$

(3) $2ax^2 + 4ax + 2a$

(4) $6x^2 - 54$

答え

(1) $3x^2 + 6x - 24$ ……共通な因数をくくり出す

$= 3(x^2 + 2x - 8)$ ……公式❶'を利用

$= 3(x - 2)(x + 4)$

(2) $9x^2 - 25y^2$ ……$9x^2 = (3x)^2$、$25y^2 = (5y)^2$

$= (3x)^2 - (5y)^2$ ……公式❹'を利用

$= (3x + 5y)(3x - 5y)$

(3) $2ax^2 + 4ax + 2a$ ……共通な因数をくくり出す

$= 2a(x^2 + 2x + 1)$ ……公式❷'を利用

$= 2a(x + 1)^2$

(4) $6x^2 - 54$ ……共通な因数をくくり出す

$= 6(x^2 - 9)$

$= 6(x^2 - 3^2)$ ……公式❹'を利用

$= 6(x + 3)(x - 3)$

共通な因数をくくり出してからも、
さらに因数分解ができないかを、必ず考えるようにする

解答解説 別冊P005

 確 認 問 題

日付	／	／	／
○△✕			

1 次の計算をしなさい。

(1) $(9a^2 - 6a) \div 3a$ [2018沖縄]

(2) $(54ab + 24b^2) \div 6b$ [2018静岡]

2 次の式を展開しなさい。

(1) $(x+4)^2$ [2018栃木]

(2) $(2x+y)^2$ [2022沖縄]

(3) $(x-4)(x-5)$ [2021徳島]

(4) $(x-3)^2$ [2021沖縄]

3 次の式を計算しなさい。

(1) $(x+9)^2 - (x-3)(x-7)$ [2018神奈川改]

(2) $(x-4)(x-3) - (x+2)^2$ [2020愛媛]

(3) $(x-1)^2 - (x+2)(x-6)$ [2018青森]

(4) $(x-3)^2 - (x+4)(x-4)$ [2021愛媛]

(5) $(x+2)^2 - (x+2)(x-2)$ [2019奈良]

(6) $(x-2)^2 - (x-1)(x+4)$ [2019青森]

(7) $(a+3)^2 - (a+4)(a-4)$ [2022和歌山]

(8) $(x+1)(x-1) - (x+3)(x-8)$ [2022大阪]

(9) $(x+4)^2 + (x+5)(x-5)$ [2019愛媛]

(10) $(2x+1)^2 - (2x-1)(2x+3)$ [2021愛知]

(11) $x(x+2y) - (x+3y)(x-3y)$ [2018和歌山]

4 次の式を因数分解しなさい。

(1) $x^2 - 4x - 12$ 　　　　　　　　[2018北海道]

(2) $x^2 + 6x + 8$ 　　　　　　　　[2019長崎]

(3) $x^2 + 6x - 27$ 　　　　　　　　[2019埼玉]

(4) $x^2 - 8x + 15$ 　　　　　　　　[2019沖縄]

(5) $a^2 + 8a - 20$ 　　　　　　　　[2020島根]

(6) $a^2 + 4a - 45$ 　　　　　　　　[2019山口]

(7) $x^2 + 2x - 35$ 　　　　　　　　[2021佐賀]

(8) $x^2 - 36$ 　　　　　　　　[2020沖縄改]

(9) $x^2 - 8x + 12$ 　　　　　　　　[2021愛媛]

(10) $x^2 - 4y^2$ 　　　　　　　　[2021兵庫]

(11) $x(x+1) - 3(x+5)$ 　　　　　　　　[2020香川]

(12) $(x+1)(x-8) + 5x$ 　　　　　　　　[2021愛知]

(13) $2x^2 - 18$ 　　　　　　　　[2019北海道]

(14) $xy - 6x + y - 6$ 　　　　　　　　[2021香川]

(15) $9x^2 - 12x + 4$ 　　　　　　　　[2022兵庫]

(16) $ax^2 - 16a$ 　　　　　　　　[2022岡山]

(17) $(x+4)^2 - 2(x+4) - 24$ 　　　　　　　　[2018神奈川改]

(18) $2(a+b)^2 - 8$ 　　　　　　　　[2021大阪]

(19) $ax^2 - 12ax + 27a$ 　　　　　　　　[2018京都]

(20) $(x+6)^2 - 5(x+6) - 24$ 　　　　　　　　[2021神奈川改]

数と式

式の計算の利用

例題 1

連続する5つの整数の和が5の倍数であることを説明しなさい。

答え

連続する5つの整数のうち、真ん中の数を n とすると、連続する5つの整数は、

$n-2$、$n-1$、n、$n+1$、$n+2$　　与えられた条件を文字で表し、実際に計算して説明する

と表される。

これらの和は、

$(n-2)+(n-1)+n+(n+1)+(n+2)=5n$

連続する5つの整数を、n、$n+1$、$n+2$、$n+3$、$n+4$ と表してもよいが、真ん中の数を n とするほうが計算が楽になる

n は整数だから、$5n$ は5の倍数である。

よって、連続する5つの整数の和は5の倍数である。

例題 2

偶数と偶数の和は偶数になることを説明しなさい。

答え

m、n を整数とする。

2つの偶数は、$2m$、$2n$ と表される。　　与えられた条件を文字で表し、実際に計算して説明する

この2数の和は、

$2m+2n=2(m+n)$

2つの偶数を、1つの文字 n を用いて、$2n+2n=4n$ とするのは、同じ偶数の和のことしか表せていないので、まちがい

$m+n$ は整数だから、

$2(m+n)$ は偶数である。

よって、偶数と偶数の和は偶数である。

💡 絶対おさえる！

☑ 連続する整数

　文字 n（n は整数）を用いて、n、$n+1$、$n+2$、…のように表す。

☑ 偶数と奇数

　文字 n を用いて、偶数は $2n$、奇数は $2n+1$　のように表す。

　※偶数と奇数の和、のように偶数と奇数を同時にあつかう場合は、偶数は $2n$、奇数は $2m+1$ のように、ちがう文字を用いて表す。

☑ ●けたの整数

　十の位は $10n$、百の位は $100m$ のように、けたの数に、その位の数をかけて表す。

合格への
ヒント

● 「連続する数」「偶数・奇数」「●けたの数」など、文字を使って設定すること
に慣れよう。「連続する数」は「真ん中の数」を文字で置いてみよう。

例題 3

次の式を、くふうして計算しなさい。

(1)　103^2

(2)　$51^2 - 49^2$

答え

(1)　$103 = 100 + 3$として考えると、$103^2 = (100 + 3)^2$

> 2乗などの計算が楽になる数に分解して考える

乗法公式$(x + a)^2 = x^2 + 2ax + a^2$を利用して、

$$(100 + 3)^2 = 100^2 + 2 \times 3 \times 100 + 3^2$$
$$= 10000 + 600 + 9$$
$$= 10609$$

(2)　因数分解の公式$x^2 - a^2 = (x + a)(x - a)$を利用する。

> （2乗）－（2乗）の形は、計算のくふうに利用できることが多い

$$51^2 - 49^2 = (51 + 49) \times (51 - 49)$$
$$= 100 \times 2$$
$$= 200$$

> かっこの中を計算する

例題 4

連続する2つの整数について、それぞれの数を2乗した数の和は奇数になることを説明しなさい。

答え

連続する2数のうち、小さいほうの整数をnとすると、大きいほうの整数は$n + 1$と表される。

この2数をそれぞれ2乗した数の和は、

$$n^2 + (n + 1)^2 = n^2 + n^2 + 2n + 1$$
$$= 2n^2 + 2n + 1$$
$$= 2(n^2 + n) + 1$$

$n^2 + n$は整数なので、$2(n^2 + n) + 1$は奇数である。

> 奇数であることを説明するには、2×（整数）＋1の形であることがいえればよい

よって、連続する2つの整数で、それぞれの数を2乗した数の和は奇数である。

💡 絶対おさえる！

☑ 式を使った説明…次の手順で説明する。

  1 文字を使って数量を表す。

  2 説明することがらに合わせて、公式などを利用して文字式を変形する。

  3 変形した式をもとにして、ことがらが成り立つことを示す。

確認問題

日付	／	／	／
○△×			

1 n を自然数とする。次の条件を満たす整数の個数を n を用いて表しなさい。　　　　　　[2021大阪]

「絶対値が n より小さい。」

2 Sさんのクラスでは、先生が示した問題をみんなで考えた。次の問いに答えなさい。　　　[2022東京]

[先生が示した問題]

2桁の自然数Pについて、Pの一の位から十の位の数をひいた数をQとし、P−Qの値を考える。

例えば、P＝59のとき、Q＝9−5＝4となり、P−Q＝59−4＝55となる。

P＝78のときのP−Qの値から、P＝41のときのP−Qの値をひいた差を求めなさい。

---

(1) [先生が示した問題] で、P＝78のときのP−Qの値から、P＝41のときのP−Qの値をひいた差を求めなさい。

Sさんのグループは、[先生が示した問題] をもとにして、次の問題を考えた。

[Sさんのグループが作った問題]

3桁の自然数Xについて、Xの一の位の数から十の位の数をひき、百の位の数をたした値をYとし、X−Y の値を考える。

例えば、X＝129のとき、Y＝9−2+1＝8となり、X−Y＝129−8＝121となる。

また、X＝284のとき、Y＝4−8+2＝−2となり、X−Y＝284−（−2）＝286となる。どちらの場合も、X −Yの値は11の倍数となる。

3桁の自然数Xについて、X−Yの値が11の倍数となることを確かめてみよう。

---

(2) [Sさんのグループが作った問題] で、3桁の自然数Xの百の位の数を a、十の位の数を b、一の位の数を c とし、X、Yをそれぞれ a、b、c を用いた式で表し、X−Yの値が11の倍数となることを証明しなさい。

3 下の会話文は、太郎さんが、数学の授業で学習したことについて、花子さんと話をしたときのものである。

【数学の授業で学習したこと】

> 1〜9の自然数の中から異なる2つの数を選び、この2つの数を並べてできる2けたの整数のうち、大きい方の整数から小さい方の整数をひいた値をPとすると、Pは9の倍数になる。

このことを、文字式を使って説明すると、次のようになる。

選んだ2つの数をa、b（$a > b$）とすると、大きい方の整数は$10a + b$、小さい方の整数は$10b + a$と表されるから、

$P = (10a + b) - (10b + a) = 9a - 9b = 9(a - b)$

$a - b$は整数だから、Pは9の倍数である。

太郎さん：選んだ2つの数が3、5のとき、大きい方の整数は53、小さい方の整数は35だから、P = 53 − 35 = 18となり、確かにPは9の倍数だね。

花子さん：それなら、3けたのときはどうなるのかな。1〜9の自然数の中から異なる3つの数を選び、この3つの数を並べてできる3けたの整数のうち、最も大きい整数から最も小さい整数をひいた値をQとして考えてみようよ。

太郎さん：例えば、選んだ3つの数が1、3、4のとき、並べてできる3けたの整数は、134、143、314、341、413、431だね。最も大きい整数は431、最も小さい整数は134だから、Q = 431 − 134 = 297となるね。

花子さん：選んだ3つの数が2、6、7のとき、Qは ア となるね。

太郎さん：Qも何かの倍数になるのかな。授業と同じように、文字式を使って考えてみようよ。

花子さん：選んだ3つの数をa、b、c（$a > b > c$）とすると、最も大きい整数は$100a + 10b + c$、最も小さい整数は イ と表されるよね。すると、Q = $(100a + 10b + c)$ − (イ) となって、これを計算すると、 ウ $\times (a - c)$ となるね。$a - c$は整数だから、Qは ウ の倍数となることがわかるよ。

このとき、次の問いに答えなさい。　　　　　　　　　　　　　　　　　　　　　[2022愛媛]

(1) 会話文中のアに当てはまる数を書きなさい。

(2) 会話文中のイに当てはまる式、ウに当てはまる数をそれぞれ書きなさい。

Chapter 6

数と式
平方根

1 平方根

2乗するとaになる数をaの**平方根**という。

このとき、aは正の数か0である。

・平方根を表す記号を根号（ルート）という。$\sqrt{}$ で表記する。

・$x^2 = a$のとき、$x = +\sqrt{a}$、または、$-\sqrt{a}$

　つまり、aが正の数のときaの平方根は $+\sqrt{a}$ と $-\sqrt{a}$ の2つあり、これを$\pm\sqrt{a}$

　と表すことがある。

・$\sqrt{0} = 0$

・$\sqrt{a^2} = a$、$(\sqrt{a})^2 = a$、$-(\sqrt{a})^2 = -a\,(a > 0)$

・負の数の平方根は存在しない。

・平方数の平方根は整数である。

　例 $\sqrt{4} = 2$、$-\sqrt{4} = -2$

📖 参考

自然数の2乗で表される数のことを平方数という。
例えば、$1, 4, 9, 16, 25, 36, 49, 64, 81, 100, \cdots\cdots$ は平方数である。

2 有理数と無理数

整数aと、0でない整数bを使って、分数$\dfrac{a}{b}$の形で表せる数を有理数、表せない

数を無理数という。$\sqrt{2}$や$\sqrt{3}$などは無理数である。

例えば、$\sqrt{2} = 1.414213562373095048801688724209698078569671\cdots$となって、

$\sqrt{2}$ は分数$\dfrac{a}{b}$の形では表せない。

・有理数の例$\cdots -2 = \dfrac{-2}{1}$、$0 = \dfrac{0}{1}$、$0.1 = \dfrac{1}{10}$

・無理数の例$\cdots \sqrt{2}$、$2 + \sqrt{3}$、π

📖 参考

同じ数字の並びが規則正しく無限に続く小数は$\dfrac{a}{b}$の形で表せるので、有理数である。（これを循環小数という。）円周率πは、
$\pi = 3.14159265358979932\\38462643383\cdots$となって、無理数である。

3 平方根の計算（a、b は正の数とする）

① $m\sqrt{a} + n\sqrt{a} = (m + n)\sqrt{a}$

② $(m\sqrt{a} + n\sqrt{b}) + (m'\sqrt{a} + n'\sqrt{b})$

　$= (m + m')\sqrt{a} + (n + n')\sqrt{b}$

　（①と②で、m、n、m'、n' は整数、$\sqrt{a}$と$\sqrt{b}$は異なる無理数とする。）

③ $\sqrt{a} \times \sqrt{b} = \sqrt{ab}$、$\dfrac{\sqrt{a}}{\sqrt{b}} = \sqrt{\dfrac{a}{b}}$、$a\sqrt{b} = \sqrt{a^2 b}$

④ $\dfrac{1}{\sqrt{a}} = \dfrac{1 \times \sqrt{a}}{\sqrt{a} \times \sqrt{a}} = \dfrac{\sqrt{a}}{a}$ 　分母に$\sqrt{}$をふくまない形にすることを分母を有理化するという

⑤ $\sqrt{a^n} = (\sqrt{a})^n$

⑥ $a < b$ならば$\sqrt{a} < \sqrt{b}$、また逆に、$\sqrt{a} < \sqrt{b}$ならば $a < b$

📖 参考

ここで、m、n、m'、n'は有理数でも式が成り立つ。

● $\sqrt{}$ は簡単な数に直して計算するのが基本。大きな整数は、素早く素因数分解することを意識しよう。

例題 1

次の平方根を、$\sqrt{}$ の中の数を最も小さい自然数にして表しなさい。根号をはずせる場合は、はずした数で答えなさい。

(1) $\sqrt{36}$　　　(2) $\sqrt{12}$　　　(3) $\sqrt{\dfrac{18}{25}}$　　　(4) $-\sqrt{6^2 - 3^2}$

答え

(1) $\sqrt{36}$
$= \sqrt{6 \times 6}$
$= 6$

(2) $\sqrt{12}$
$= \sqrt{2 \times 2 \times 3}$
$= 2\sqrt{3}$

(3) $\sqrt{\dfrac{18}{25}}$
$= \dfrac{\sqrt{2 \times 3 \times 3}}{\sqrt{5 \times 5}}$
$= \dfrac{3\sqrt{2}}{5}$

(4) $-\sqrt{6^2 - 3^2}$
$= -\sqrt{36 - 9}$
$= -\sqrt{27}$
$= -\sqrt{3 \times 3 \times 3}$
$= -3\sqrt{3}$

例題 2

次の計算をしなさい。

(1) $\sqrt{27} - \sqrt{75}$　　　(2) $4\sqrt{3} \div 3\sqrt{2}$　　　(3) $(\sqrt{7} - \sqrt{3})^2$

答え

(1) $\sqrt{27} - \sqrt{75}$
$= \sqrt{3^2 \times 3} - \sqrt{5^2 \times 3}$　　$\sqrt{a^2 b} = a\sqrt{b}$
$= 3\sqrt{3} - 5\sqrt{3}$
$= (3 - 5)\sqrt{3}$　　まとめる
$= -2\sqrt{3}$

(2) $4\sqrt{3} \div 3\sqrt{2}$
$= \dfrac{4\sqrt{3}}{3\sqrt{2}}$　　分数の形にする
$= \dfrac{4\sqrt{3} \times \sqrt{2}}{3\sqrt{2} \times \sqrt{2}}$　　分母を有理化
$= \dfrac{\overset{2}{4}\sqrt{6}}{3 \times 2_{1}}$
$= \dfrac{2\sqrt{6}}{3}$

(3) $(\sqrt{7} - \sqrt{3})^2$　　乗法公式 3 を利用
$= (\sqrt{7})^2 - 2 \times \sqrt{3} \times \sqrt{7} + (\sqrt{3})^2$
$= 7 - 2\sqrt{21} + 3$　　$(\sqrt{a})^2 = a$
$= 10 - 2\sqrt{21}$

例題 3

次の不等式を満たすような整数 m、n を求めなさい。ただし、m は不等式を満たす最も大きい整数、n は不等式を満たす最も小さい整数である。

$m < \sqrt{63} < n$

答え

$(7 \times 7 =)\,49 < 63 < (8 \times 8 =)\,64$　より、$\sqrt{49} < \sqrt{63} < \sqrt{64}$ となるので、$7 < \sqrt{63} < 8$
よって、$m = 7$、$n = 8$

確認問題

日付	／	／	／
○△×			

1 次の計算をしなさい。

(1)　$\sqrt{48} - \sqrt{3} + \sqrt{12}$　　　　　　　　　　　　　　　　　[2022和歌山]

(2)　$4\sqrt{5} - \sqrt{20}$　　　　　　　　　　　　　　　　　　　　[2021兵庫]

(3)　$3 \div \sqrt{6} \times \sqrt{8}$　　　　　　　　　　　　　　　　　　[2021東京]

(4)　$\sqrt{32} - \sqrt{18} + \sqrt{2}$　　　　　　　　　　　　　　　　　[2019和歌山]

(5)　$(\sqrt{5} - \sqrt{2})(\sqrt{2} + \sqrt{5})$　　　　　　　　　　　　　　[2022青森]

(6)　$(2 + \sqrt{6})^2$　　　　　　　　　　　　　　　　　　　　　[2022東京]

(7)　$\sqrt{48} - 3\sqrt{6} \div \sqrt{2}$　　　　　　　　　　　　　　　　[2021愛知]

(8)　$\dfrac{6}{\sqrt{2}} + \sqrt{8}$　　　　　　　　　　　　　　　　　　　[2021滋賀]

(9)　$2\sqrt{3} - \dfrac{15}{\sqrt{3}}$　　　　　　　　　　　　　　　　　　[2021埼玉]

(10)　$\sqrt{12} + 2\sqrt{6} \times \dfrac{1}{\sqrt{8}}$　　　　　　　　　　　　　[2022石川]

(11)　$\dfrac{\sqrt{10}}{\sqrt{2}} - (\sqrt{5} - 2)^2$　　　　　　　　　　　　　[2022愛媛]

(12)　$\dfrac{3}{\sqrt{2}} - \dfrac{2}{\sqrt{8}}$　　　　　　　　　　　　　　　　[2021愛知]

(13)　$\sqrt{3}(\sqrt{15} + \sqrt{3}) - \dfrac{10}{\sqrt{5}}$　　　　　　　　　　[2021大阪]

(14)　$(\sqrt{3} + \sqrt{2})(2\sqrt{3} + \sqrt{2}) + \dfrac{6}{\sqrt{6}}$　　　　　　　[2021愛媛]

(15)　$\dfrac{6 - \sqrt{18}}{\sqrt{2}} + \sqrt{2}(1 + \sqrt{3})(1 - \sqrt{3})$　　　　　[2020大阪]

(16)　$(\sqrt{3} + \sqrt{2})^2 - (\sqrt{3} - \sqrt{2})^2 + \dfrac{1}{\sqrt{3}} \times \dfrac{1}{\sqrt{2}}$　　　[2022東京（日比谷）]

(17)　$\left(\dfrac{\sqrt{5} + \sqrt{3}}{\sqrt{2}}\right)^2 + \left(\dfrac{\sqrt{5} + \sqrt{3}}{\sqrt{2}}\right)\left(\dfrac{\sqrt{5} - \sqrt{3}}{\sqrt{2}}\right) - \left(\dfrac{\sqrt{5} - \sqrt{3}}{\sqrt{2}}\right)^2$　　　[2022東京（国立）]

(18)　$\dfrac{5\{(\sqrt{8} + \sqrt{3})^2 - (\sqrt{8} - \sqrt{3})^2\}}{3\sqrt{3}} \div 7\sqrt{8}$　　　[2021東京（青山）]

2 **次の問いに答えなさい。**

(1) 次の①〜④について、正しくないものを1つ選び、その番号を書きなさい。　　　　　[2022長崎]

　① $\sqrt{(-2)^2} = 2$ である。　　　　　② 9の平方根は±3である。

　③ $\sqrt{16} = \pm4$ である。　　　　　④ $(\sqrt{5})^2 = 5$ である。

(2) 根号を使って表した数について述べた文として適切なものを、次のア〜エの中から1つ選び、その記号を書きなさい。ただし、$0 < a < b$とする。　　　　　[2022青森]

　ア $\sqrt{a} < \sqrt{b}$ である。　　　　　イ $\sqrt{a} + \sqrt{b} = \sqrt{a+b}$ である。

　ウ $\sqrt{(-a)^2} = -a$である。　　　　　エ aの平方根は$\sqrt{a}$である。

(3) 次の5つの数の中から、無理数をすべて選びなさい。　　　　　[2022秋田]

$$\sqrt{2} \quad 、 \quad \sqrt{9} \quad 、 \quad \frac{5}{7} \quad 、 \quad -0.6 \quad 、 \quad \pi$$

3 **次のそれぞれの場合について、式の値を求めなさい。**

(1) $x = 5 + \sqrt{3}$、$y = 5 - \sqrt{3}$ のときの、$x^2 + 2xy + y^2$の値　　　　　[2022岐阜]

(2) $x = 2 + \sqrt{3}$、$y = 2 - \sqrt{3}$ のときの、$\left(1 + \dfrac{1}{x}\right)\left(1 + \dfrac{1}{y}\right)$ の値　　　　　[2020埼玉]

4 nを自然数とするとき、$\sqrt{189n}$の値が自然数となるような最も小さいnの値を求めなさい。　　　　　[2020大阪]

5 $\sqrt{11}$の整数部分をa、小数部分をbとするとき、$a^2 - b^2 - 6b$の値を求めなさい。　　　　　[2022埼玉]

数と式

1次方程式

1 方程式とは

・わからない数を未知数といい、x などの文字で表す。未知数をふくんだ等式の
 ことを方程式という。

・xの値を求めることを、方程式を解くという。求めたxの値を方程式の解という。

2 1次方程式

❶ 1次方程式

移項して式を整理すると、(xの1次式)=0となる方程式。

$$ax + b = 0$$
$$(a \neq 0)$$

⭐ 重要

等式の性質
$A = B$ならば
1 $A + C = B + C$
2 $A - C = B - C$
3 $AC = BC$
4 $\dfrac{A}{C} = \dfrac{B}{C}(C \neq 0)$
5 $B = A$

▶ 1次方程式の解き方

1 方程式を整理する。

・かっこがあれば、かっこをはずす。

・係数が小数であれば、10、100、1000、…などをかけて、整数にする。

・係数が分数であれば、分母の最小公倍数をかけて、整数にする。

2 移項して、$ax = b$の形にする。

3 両辺をxの係数aでわる。

❷ 比例式

比例式の性質　$a : b = c : d$　ならば　$ad = bc$

3 1次方程式の解き方の例

❶ 分数をふくむ方程式

$$\frac{1}{3}(x+2) = \frac{1}{2}(8-6x)$$

まず、両辺に6をかける

$$2(x+2) = 3(8-6x)$$

（ ）をはずす

$$2x+4 = 24-18x$$

等式の左辺にxの項、
右辺に数値の項をまとめる

$$2x+18x = 24-4$$

$$20x = 20$$

xの係数で両辺をわる

$$x = 1$$

⭐ 重要

求めた方程式の解が正しい
かどうかは、もとの方程式
に代入して式が成り立って
いるかどうかで確かめるこ
とができる。

❷ 比例式

$$x : 2 = (2x+3) : 5$$

比例式の性質を使って
1次方程式の形にする

$$5x = 2(2x+3)$$

（ ）をはずす

$$5x = 4x+6$$

xの項と数値の項をまとめる

$$5x-4x = 6$$

左辺を計算する

$$x = 6$$

⭐ 重要

比例式の性質
$a : b = c : d$のとき、
$ad = bc$

● 分数や小数を含む方程式は計算間違いに注意。まずは簡単な数になおして
から、方程式を解くようにしよう。

例題 1

次の方程式を解きなさい。

(1) $6x + 2 = 20$　　(2) $5x - 6 = 3x - 14$　　(3) $2(x + 7) = 3(8 - 6x)$

答え

(1) $6x + 2 = 20$
$6x = 20 - 2$
$6x = 18$
$x = 3$

(2) $5x - 6 = 3x - 14$
$5x - 3x = -14 + 6$
$2x = -8$
$x = -4$

(3) $2(x + 7) = 3(8 - 6x)$
$2x + 14 = 24 - 18x$
$2x + 18x = 24 - 14$
$20x = 10$
$x = \dfrac{1}{2}$

例題 2

次の方程式を解きなさい。

(1) $0.14x - 0.2 = 0.5x + 7$　　(2) $\dfrac{2x+1}{5} = \dfrac{x+5}{4}$

答え

(1) $0.14x - 0.2 = 0.5x + 7$ ←両辺に100をかける
$14x - 20 = 50x + 700$ ←数の項にかけわすれないように注意！
$14x - 50x = 700 + 20$
$-36x = 720$
$x = -20$

(2) $\dfrac{2x+1}{5} = \dfrac{x+5}{4}$ ←両辺に分母の最小公倍数20をかける
$\dfrac{2x+1}{5} \times 20 = \dfrac{x+5}{4} \times 20$ ←約分する
$4(2x + 1) = 5(x + 5)$ ←かっこをはずす
$8x + 4 = 5x + 25$
$8x - 5x = 25 - 4$
$3x = 21$
$x = 7$

例題 3

次の方程式を解きなさい。

(1) $3 : 7 = x : 21$　　(2) $(3x + 2) : (6x - 4) = 5 : 8$

答え

(1) $3 \times 21 = 7 \times x$　$a : b = c : d$のとき $ad = bc$
$63 = 7x$
$7x = 63$
$x = 9$

(2) $8(3x + 2) = 5(6x - 4)$
$24x + 16 = 30x - 20$
$24x - 30x = -20 - 16$
$-6x = -36$
$x = 6$

確 認 問 題

日付	／	／	／
○△×			

1 次の方程式を解きなさい。

(1)　$7x-2=x+1$　　　　　　　　　　　　　　　　　　　　　　　　　[2022埼玉]

(2)　$5x-7=9(x-3)$　　　　　　　　　　　　　　　　　　　　　　　[2022東京]

(3)　$\dfrac{3}{2}x+1=10$　　　　　　　　　　　　　　　　　　　　　　　　[2021秋田]

(4)　$3x+2=5x-6$　　　　　　　　　　　　　　　　　　　　　　　　[2021埼玉]

(5)　$-4x+2=9(x-7)$　　　　　　　　　　　　　　　　　　　　　　[2021東京]

(6)　$4x+3=x-6$　　　　　　　　　　　　　　　　　　　　　　　　[2021沖縄]

(7)　$\dfrac{2x+4}{3}=4$　　　　　　　　　　　　　　　　　　　　　　　　[2020秋田]

(8)　$5x+3=2x+6$　　　　　　　　　　　　　　　　　　　　　　　　[2020埼玉]

(9)　$9x+4=5(x+8)$　　　　　　　　　　　　　　　　　　　　　　　[2020東京]

(10)　$3x-5=x+3$　　　　　　　　　　　　　　　　　　　　　　　　[2020沖縄]

2 次の問いに答えなさい。

(1)　比例式　$3:8=x:40$　が成り立つとき、$x=\boxed{}$である。　　　[2022沖縄]

(2)　比例式　$x:12=3:2$　を満たすxの値を求めなさい。　　　　　　　　[2021大阪]

(3)　$(x-1):x=3:5$が成り立つとき、xの値を求めなさい。　　　　　　　[2020香川]

(4)　xについての方程式　$2x-a=-x+5$の解が7であるとき、aの値を求めなさい。　　[2020栃木]

3 ある観光地で、5月の観光客数は4月に比べて5%増加し、8400人であった。このとき、4月の観光客数は $\boxed{}$人である。　　　　　　　　　　　　　　　　　　　　　　　　　[2020沖縄]

4 ある動物園では、大人1人の入園料が子ども1人の入園料より600円高い。大人1人の入園料と子ども1人の入園料の比が5:2であるとき、子ども1人の入園料を求めなさい。　　　　[2020神奈川改]

5 クラスで調理実習のために材料費を集めることになった。1人300円ずつ集めると材料費が2600円不足し、1人400円ずつ集めると1200円余る。このクラスの人数は何人か、求めなさい。　　[2020愛知]

6 4%の食塩水と9%の食塩水がある。この2つの食塩水を混ぜ合わせて、6%の食塩水を600g作りたい。4%の食塩水は何g必要かを求めなさい。

[2020高知]

7 ある洋品店では、ワイシャツを定価の3割引きで買うことができる割引券を配布している。割引券1枚につきワイシャツ1着だけが割引きされる。この割引券を3枚使って同じ定価のワイシャツを5着買ったところ、代金が8200円だった。　このとき、ワイシャツ1着の定価を求めなさい。ただし、消費税は考えないものとする。

[2022茨城]

8 涼さんは、つくったロールパンを友人に同じ個数ずつ配りたいと考えている。4個ずつ配ると9個余り、6個ずつ配ると5個足りない。友人の人数を求めなさい。

[2022滋賀]

9 そうたさんとゆうなさんが、次の〈ルール〉にしたがい、1枚の重さ5gのメダルA、1枚の重さ4gのメダルBをもらえるじゃんけんゲームを行った。

〈ルール〉

(1) じゃんけんの回数

　○　30回とする。

　○　あいこになった場合は、勝ち負けを決めず、1回と数える。

(2) 1回のじゃんけんでもらえるメダルの枚数

　○　勝った場合は、メダルAを2枚、負けた場合は、メダルBを1枚もらえる。

　○　あいこになった場合は、2人ともメダルAを1枚、メダルBを1枚もらえる。

ゲームの結果、あいこになった回数は8回であった。また、そうたさんが、自分のもらったすべてのメダルの重さをはかったところ、232gであった。このとき、そうたさんとゆうなさんがじゃんけんで勝った回数をそれぞれ求めなさい。求める過程も書きなさい。

[2022福島]

10 百の位の数が、十の位の数より2大きい3けたの自然数がある。この自然数の各位の数の和は18であり、百の位の数字と一の位の数字を入れかえてできる自然数は、はじめの自然数より99小さい数である。このとき、はじめの自然数を求めなさい。求める過程も書きなさい。

[2021福島]

8 連立方程式

1 連立方程式

2つ以上の方程式を組み合わせたもの。

例 連立方程式 $\begin{cases} x+y=7 \\ 2x+3y=16 \end{cases}$ の解は $x=5$、$y=2$

> 文字は x と y の2種類

> 解は、どちらの方程式も成り立たせる文字の値の組

> 参考
>
> 2つの文字をふくむ1次方程式のことを、2元1次方程式という。

▶ 連立方程式の解き方

- 加減法…どちらかの文字の係数の絶対値をそろえ、左辺どうし、右辺どうしをたすかひくかする。
- 代入法…一方の式を他方の式に代入する。

> 参考
>
> $A=B=C$ の形の連立方程式
> $\begin{cases} A=B \\ A=C \end{cases}$、$\begin{cases} A=B \\ B=C \end{cases}$、
> $\begin{cases} A=C \\ B=C \end{cases}$ のいずれかの連立方程式の形になおして解く。

2 いろいろな連立方程式

❶ ( ) をふくむ連立方程式

$\begin{cases} 2(x-5)-3y=2 & \cdots\cdots① \\ 3x+y=4 & \cdots\cdots② \end{cases}$

のように（ ）がある場合は、①の式の（ ）をはずす。

①は、$2x-10-3y=2$ となるので、左辺の -10 を右辺に移項すると

$2x-3y=12$ となる。だから、上の連立方程式を

$\begin{cases} 2x-3y=12 & \cdots\cdots①' \\ 3x+y=4 & \cdots\cdots② \end{cases}$

として、解けばよい。

❷ 分数や小数のある連立方程式

1次方程式のときのように、係数が分数のときは、**分母の公倍数**を両辺にかけて整数にする。小数の場合は、**10、100、1000、…**などを両辺にかけて整数にする。

> 参考
>
> x と y の解がわかっている連立方程式から係数 a、b を求める問題もある。
> このときは、x と y の値を連立方程式に代入すると、a と b の連立方程式になるので、これを解けばよい。

❸ 連立方程式に比例式がふくまれる場合

$\begin{cases} 2x-3y=2 & \cdots\cdots① \\ x:y=2:1 & \cdots\cdots② \end{cases}$

②の比例式を通常の式になおして、$x=2y$ として、

$\begin{cases} 2x-3y=2 & \cdots\cdots① \\ x=2y & \cdots\cdots②' \end{cases}$

の連立方程式を解けばよい。

合格への
ヒント

● 代入法・加減法の両方を使えるようになろう。2つのやり方を習得することで、より楽な解き方を選択できるようになるよ。

例題 1

次の連立方程式を解きなさい。

(1) $\begin{cases} 3x - 2y = 7 & \cdots① \\ x + y = 9 & \cdots② \end{cases}$

(2) $\begin{cases} 5x - 4y = -5 & \cdots① \\ y = 2x - 1 & \cdots② \end{cases}$

答え

(1)
$$3x - 2y = 7 \quad \cdots①$$
$$+)\ 2x + 2y = 18 \quad \cdots② \times 2$$
$$5x \qquad = 25$$

②の両辺を2倍して、yの係数の絶対値をそろえる

たしてyを消去　$x = 5$　…③

③を②に代入して、
$5 + y = 9,\ y = 4$
よって、$x = 5,\ y = 4$

(2) ②を①に代入すると、

$y = \sim$の形の式があれば代入法を考えよう

$$5x - 4(2x - 1) = -5$$

（　）をつけて代入する

$$5x - 8x + 4 = -5$$
$$-3x = -9$$
$$x = 3 \quad \cdots③$$

③を②に代入して、$y = 2 \times 3 - 1 = 5$
よって、$x = 3,\ y = 5$

例題 2

次の連立方程式を解きなさい。

(1) $\begin{cases} x - 2(1 - 3y) = 2 & \cdots① \\ 2x + 3y = -1 & \cdots② \end{cases}$

(2) $\begin{cases} \dfrac{1}{2}x + \dfrac{2}{3}y = 6 & \cdots① \\ 0.2x + 0.5y = 1 & \cdots② \end{cases}$

答え

(1) ①の（　）をはずすと、

$x - 2 + 6y = 2$　符号に注意

よって、$x = -6y + 4 \cdots①'$
①' を②に代入して、
$2(-6y + 4) + 3y = -1$
$$-9y = -9$$
$$y = 1$$
これを①' に代入して、
$x = -6 \times 1 + 4 = -2$
よって、$x = -2,\ y = 1$

(2) ①の両辺に6をかけて、

分母の数2と3の最小公倍数

$3x + 4y = 36 \cdots①'$
②の両辺に10をかけて、

小数点が消えるように10倍する

$2x + 5y = 10 \cdots②'$
①' $\times 2 -$②' $\times 3$ から
$$6x + 8y = 72$$
$$-)\ 6x + 15y = 30$$
$$-7y = 42$$
$$y = -6$$
これを②' に代入して、
$2x + 5 \times (-6) = 10,\ x = 20$
よって、$x = 20,\ y = -6$

解答解説 別冊P008

 確 認 問 題

日付	/	/	/
○△×			

1 次の連立方程式を解きなさい。

(1) $\begin{cases} 4x - 3y = 10 \\ 3x + 2y = -1 \end{cases}$ [2022埼玉]

(2) $\begin{cases} 5x + 2y = 4 \\ 3x - y = 9 \end{cases}$ [2022岐阜]

(3) $\begin{cases} 2x + y = 11 \\ y = 3x + 1 \end{cases}$ [2021北海道]

(4) $\begin{cases} x - 3y = 5 \\ 3x + 5y = 1 \end{cases}$ [2022島根]

(5) $\begin{cases} x - 3y = 6 \\ 2x + y = 5 \end{cases}$ [2021滋賀]

(6) $\begin{cases} 5x + 2y = -5 \\ 3x - 2y = 13 \end{cases}$ [2021大阪]

(7) $\begin{cases} x = 4y + 1 \\ 2x - 5y = 8 \end{cases}$ [2022東京]

(8) $\begin{cases} 2x - 3y = 2 \\ 3x - 2y = 8 \end{cases}$ [2021沖縄]

(9) $\begin{cases} x + 4y = -1 \\ -2x + y = 11 \end{cases}$ [2021秋田]

(10) $\begin{cases} 5x + y = 1 \\ -x + 6y = 37 \end{cases}$ [2021東京]

(11) $\begin{cases} x - 2y = 7 \\ 4x + 3y = 6 \end{cases}$ [2019滋賀]

(12) $\begin{cases} 2x - 3y = 11 \\ y = x - 4 \end{cases}$ [2018埼玉]

(13) $3x - 2y = -x + 4y = 5$ [2022北海道]

(14) $\begin{cases} y = 4(x + 2) \\ 6x - y = -10 \end{cases}$ [2020青森]

(15) $\begin{cases} 2x + 4y = 3 \\ \dfrac{3}{10}x - \dfrac{1}{2}y = 1 \end{cases}$ [2021東京（国立）]

(16) $\begin{cases} \dfrac{7}{8}x + 1.5y = 1 \\ \dfrac{2x - 5y}{3} = 12 \end{cases}$ [2021東京（立川）]

② ある道の駅では、大きい袋と小さい袋を合わせて40枚用意し、すべての袋を使って、仕入れたりんごをすべて販売することにした。まず、大きい袋に5個ずつ、小さい袋に3個ずつ入れたところ、りんごが57個余った。そこで、大きい袋は7個ずつ、小さい袋は4個ずつにしたところ、すべてのりんごをちょうど入れることができた。大きい袋を x 枚、小さい袋を y 枚として連立方程式をつくり、大きい袋と小さい袋の枚数をそれぞれ求めなさい。ただし、途中の計算も書くこと。 [2021栃木]

③ Aさんは家から1800m離れた駅まで行くのに、はじめ分速60mで歩いていたが、途中から駅まで分速160mで走ったところ、家から出発してちょうど20分後に駅に着いた。
　次の ▢ は、Aさんが家から駅まで行くのに、歩いた道のりと、走った道のりを、連立方程式を使って求めたものである。 ① ～ ④ に、それぞれあてはまる適切なことがらを書き入れなさい。 [2020三重]

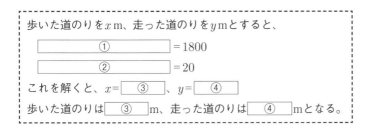

歩いた道のりを x m、走った道のりを y m とすると、
　　　　① ＝1800
　　　　② ＝20
これを解くと、$x=$ ③ 、$y=$ ④
歩いた道のりは ③ m、走った道のりは ④ m となる。

④ ある中学校の美化委員会が、大小2種類のプランターを、合わせて45個使い、スイセンとチューリップの球根を植えた。大きいプランターには、スイセンの球根を6個ずつ植え、小さいプランターには、スイセンの球根とチューリップの球根をそれぞれ2個ずつ植えたところ、植えた球根は全部で216個であった。このとき、植えたスイセンとチューリップの球根は、それぞれ何個か、方程式をつくって求めなさい。なお、途中の計算も書くこと。 [2021石川]

⑤ ある店で売られているクッキーの詰め合わせには、箱A、箱B、箱Cの3種類があり、それぞれ決まった枚数のクッキーが入っている。箱Cに入っているクッキーの枚数は、箱Aに入っているクッキーの枚数の2倍で、箱A、箱B、箱Cに入っているクッキーの枚数の合計は27枚である。花子さんが、箱A、箱B、箱Cを、それぞれ8箱、4箱、3箱買ったところ、クッキーの枚数の合計は118枚であった。このとき、箱A、箱Bに入っているクッキーの枚数をそれぞれ a 枚、b 枚として、a、b の値を求めなさい。a、b の値を求める過程も、式と計算を含めて書きなさい。 [2022香川]

9 (数と式) 2次方程式

1 2次方程式

移項して式を整理すると、$(x$の2次式$)=0$となる方程式。

2次方程式の解はふつう2つある。

$$ax^2 + bx + c = 0$$
$$(a \neq 0)$$

▶ 2次方程式の解き方

1 平方根の考えを利用する。 $x^2 = k \rightarrow x = \pm\sqrt{k}\,(k \geqq 0)$

2 因数分解を利用する。 $(x-m)(x-n) = 0 \rightarrow x = m$ または $x = n$

3 解の公式を利用する。

💡 絶対おさえる! 解の公式

☑ $ax^2 + bx + c = 0$の解は、$x = \dfrac{-b \pm \sqrt{b^2 - 4ac}}{2a}$

📖 参考

xの2次方程式以外にも、aを未知数とみたaの2次方程式や、整数をnで表して、nについての2次方程式をつくることもある。

📖 参考

解の公式の根号の中の式で、b^2-4acの値が負になったときは、2次方程式の解はない。

2 2次方程式の解の公式の導き方

2次方程式 $ax^2 + bx + c = 0$ $(a \neq 0)$ の両辺をaでわると、

$x^2 + \dfrac{b}{a}x + \dfrac{c}{a} = 0$ となる。

> 難しいので、余裕のある人は挑戦してみよう

$x^2 + 2 \times \dfrac{b}{2a}x + \dfrac{b^2}{4a^2} - \dfrac{b^2}{4a^2} + \dfrac{c}{a} = 0$ と変形して、

$\left(x + \dfrac{b}{2a}\right)^2 - \dfrac{b^2}{4a^2} + \dfrac{c}{a} = 0$ 定数の項を右辺に移項して、

$\left(x + \dfrac{b}{2a}\right)^2 = \dfrac{b^2}{4a^2} - \dfrac{c}{a}$ となるので、これから、

$x + \dfrac{b}{2a} = \pm\sqrt{\dfrac{b^2}{4a^2} - \dfrac{c}{a}}$ $\sqrt{}$の中を整理して、

$= \pm\sqrt{\dfrac{b^2 - 4ac}{4a^2}}$ 分母の$\sqrt{}$をはずして、

$= \pm\dfrac{\sqrt{b^2 - 4ac}}{2a}$ 左辺をxだけにすると、

$x = -\dfrac{b}{2a} \pm \dfrac{\sqrt{b^2 - 4ac}}{2a}$ となるので、分母をまとめると、

2次方程式の解の公式、$x = \dfrac{-b \pm \sqrt{b^2 - 4ac}}{2a}$ が導かれる。

⭐ 重要

方程式で文章題を解く手順

1 何を文字で表すかを決める。

2 数量の関係から方程式をつくる。

3 方程式を解く。

4 方程式の解が問題に適しているか確かめる。

↳ 長さや重さなどは負の数にならない。人数や金額は小数、分数にならない。

特に2次方程式では、解が2つ出てくるので、どちらも適するのかを確認しよう。

● 解の公式は絶対に覚え、スムーズに使えるように特訓しよう。公式で解く
だけでなく、因数分解で解く方法にも積極的に挑戦しよう。

例題 1

次の2次方程式を解きなさい。

(1) $(x-3)^2 = 25$　　　(2) $x^2 + x - 56 = 0$　　　(3) $x^2 + 5x - 3 = 0$

答え

(1) $(x-3)^2 = 25$

$(x+●)^2=▲$ の形の式のときは、平方根の考えを利用できる

$x - 3 = \pm 5$

$x - 3 = 5$ のとき

　$x = 8$

$x - 3 = -5$ のとき

　$x = -2$

よって、$x = 8$、-2

(2) $x^2 + x - 56 = 0$

因数分解する

$(x+8)(x-7) = 0$

$x + 8 = 0$　または

$x - 7 = 0$

よって、$x = -8$、7

(3) $x^2 + 5x - 3 = 0$

解の公式に $a=1$、$b=5$、$c=-3$ を代入

$x = \dfrac{-5 \pm \sqrt{5^2 - 4 \times 1 \times (-3)}}{2 \times 1}$

$= \dfrac{-5 \pm \sqrt{37}}{2}$ ◄--- 根号の中がこれ以上簡単にならないか確認！

例題 2

次の2次方程式を解きなさい。

(1) $3x^2 + 2 = -2x + 4$　　　(2) $\dfrac{1}{2}x^2 + 3x + 4 = 0$　　　(3) $(x-1)(x+2) = 4$

答え

(1) 右辺を左辺に移項して
整理すると、

$3x^2 + 2x - 2 = 0$

解の公式に $a=3$、$b=2$、$c=-2$ を代入

$x = \dfrac{-2 \pm \sqrt{2^2 - 4 \times 3 \times (-2)}}{2 \times 3}$

$= \dfrac{-2 \pm 2\sqrt{7}}{6}$

$= \dfrac{-1 \pm \sqrt{7}}{3}$

(2) 両辺に2をかけて、

$x^2 + 6x + 8 = 0$

因数分解をして、

$(x+4)(x+2) = 0$

よって、$x = -4$、-2

(3) （ ）をはずすと、

$x^2 + x - 2 = 4$

右辺を左辺に移項して
整理すると、

$x^2 + x - 6 = 0$

因数分解をして、

$(x-2)(x+3) = 0$

よって、$x = 2$、-3

例題 3

x についての方程式 $x^2 + 3x + 2a = 0$ の解の1つが2であるとき、もう1つの解を求めなさい。

答え

$x = 2$ を $x^2 + 3x + 2a = 0$ に代入して、$2^2 + 3 \times 2 + 2a = 0$ 、つまり、$10 + 2a = 0$、　$a = -5$

$a = -5$ を2次方程式に代入すると、$x^2 + 3x - 10 = 0$ となるので因数分解をして、

まず、a についての方程式を解く

$(x-2)(x+5) = 0$

よって、$x = 2$、-5

したがって、答えは $x = -5$

確 認 問 題

日付	／	／	／
○△✕			

1 次の方程式を解きなさい。

(1) $(x-3)^2 = 9$ 　　　　　　　　　[2021岐阜]

(2) $(x+8)^2 = 2$ 　　　　　　　　　[2021東京]

(3) $(x+2)^2 = 7$ 　　　　　　　　　[2021愛知]

(4) $x^2+5x-14 = 0$ 　　　　　　　[2022和歌山]

(5) $x^2 = x+12$ 　　　　　　　　　[2022滋賀]

(6) $x^2+2x-35 = 0$ 　　　　　　　[2020愛媛]

(7) $x^2-4x-21 = 0$ 　　　　　　　[2021大阪]

(8) $5x^2+4x-1 = 0$ 　　　　　　　[2022愛媛]

(9) $x^2-x-4 = 0$ 　　　　　　　　[2022兵庫]

(10) $4x^2+6x-1 = 0$ 　　　　　　　[2022東京]

(11) $x^2-3x-5 = 0$ 　　　　　　　[2021兵庫]

(12) $2x^2-3x-3 = 0$ 　　　　　　　[2022埼玉]

(13) $x^2+x = 6$ 　　　　　　　　　[2021滋賀]

(14) $x^2+5x+3 = 0$ 　　　　　　　[2021和歌山]

(15) $2x^2-5x+1 = 0$ 　　　　　　　[2021埼玉]

(16) $2x(x-1)-3 = x^2$ 　　　　　　[2022長崎]

(17) $x^2+x = 21+5x$ 　　　　　　　[2020静岡]

(18) $5(2-x) = (x-4)(x+2)$ 　　　[2022愛知]

(19) $2(x-2)^2-3(x-2)+1 = 0$ 　　[2020埼玉]

(20) $2x^2+5x+3 = x^2+6x+6$ 　　　[2020愛知]

2 2次方程式 $x^2 + ax - 8 = 0$について、次の問いに答えなさい。　　　　　[2022岐阜]

(1)　$a = -1$のとき、2次方程式を解きなさい。

(2)　$x = 1$が2次方程式の1つの解であるとき、

　　（ア）　aの値を求めなさい。

　　（イ）　他の解を求めなさい。

3 2次方程式 $x^2 + 2x - 14 = 0$の解を求めなさい。ただし、「$(x + \blacktriangle)^2 = \bullet$」の形に変形して平方根の考えを使って解き、解を求める過程がわかるように、途中の式も書くこと。　　　　　[2022高知]

4 xについての方程式 $x^2 - 2ax + 3 = 0$の解の1つが-1であるとき、もう1つの解を求めなさい。[2020秋田]

5 xについての2次方程式 $x^2 - 8x + 2a + 1 = 0$の解の1つが$x = 3$であるとき、aの値を求めなさい。また、もう1つの解を求めなさい。　　　　　[2022栃木]

6 連続する2つの自然数がある。この2つの自然数の積は、この2つの自然数の和より55大きい。このとき、連続する2つの自然数を求めなさい。　　　　　[2021新潟]

7 右の図1のような、タイルAとタイルBが、それぞれたくさんある。タイルAとタイルBを、次の図2のように、すき間なく規則的に並べたものを、1番目の図形、2番目の図形、3番目の図形、…とする。たとえば、2番目の図形において、タイルAは8枚、タイルBは5枚である。このとき、次の問いに答えなさい。

　　　　　[2021京都]

図1

タイルA　　タイルB

図2

1番目の図形　2番目の図形　3番目の図形　4番目の図形

    ・・・

(1)　5番目の図形について、タイルAの枚数を求めなさい。

(2)　9番目の図形について、タイルBの枚数を求めなさい。

(3)　タイルAの枚数がタイルBの枚数よりちょうど1009枚少なくなるのは、何番目の図形か求めなさい。

10 数と式 方程式の利用

1 文章題を解く手順

方程式をたてる ⇒ 方程式を解く ⇒ 問題が求めている答えを出す
の順序で考える。

2 方程式のたて方

1 文章中の未知数は何かを見極め、x などの文字をおく。

2 文章にはどんな条件が書いてあるかを読み取る。

3 その条件のもとで、等しくなる量が何になるかを考える。

4 3 の量を x などの文字を使った式で表す。

5 等しい量の関係を等式で表す。

> ⚠ 注意 単位
>
> 未知数を x や y としたときに、単位をつけると意味をとらえやすくなり、間違えにくくなる。
> 例 1冊 x 円の本を y 冊買う

3 方程式の解き方

1次方程式…項ごとにまとめる。

連立方程式…加減法や代入法を使って、未知数が1つの方程式をつくる。

2次方程式…平方根の考え方を使ったり、因数分解をしたり、解の公式を使ったりして解を求める。

> 📖 参考
>
> 連立方程式の1つの式が、$x+y=$ 定数や $x-y=$ 定数の形になっている場合は、$y=$ 定数 $-x$ や $y=x-$ 定数と置き換えられるので、連立方程式の形に書かなくても、初めから1次方程式の形に書けることがある。

▶ **方程式の解が問題に適しているかどうかの確認**

1 求めた解を方程式に代入して、等式が成り立つか確かめる。

2 方程式の解がそのまま問題の答えにならない場合もあるので、答えが問題文に適しているかどうかを確かめる。

4 文章題での方程式のたて方の例

❶ **同じ枚数を配る場合は全体の枚数は等しい**

全体の枚数 ＝（1人分の枚数）×（人数）＋（余った枚数）

＝（1人分の枚数）×（人数）－（足りない枚数）

例 色紙を x 人で1人3枚ずつ分けると1枚余り、4枚ずつ分けると2枚足りない。

⇒全体の枚数で式をつくる。$3x+1=4x-2$

❷ **道のりや時間が等しい場合**

$$\begin{cases}（道のり1）＋（道のり2）＝（全体の道のり）\\（道のり1）÷（速さ1）＋（道のり2）÷（速さ2）＝（全体の時間）\end{cases}$$

例 A〜C地点は9000mあり、A地点からB地点までを分速500mで進み、B地点からC地点までを分速800mで進むと、15分かかった。

⇒A〜Bを x m、B〜Cを y mとして、

$$x+y=9000,\quad \frac{x}{500}+\frac{y}{800}=15$$

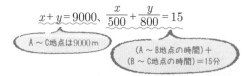

> ❶、❷以外でも、年齢が等しくなる場合、増えた量（減った量）が等しくなる場合、面積や体積が等しくなる場合、全体の合計が（平均×個数）と等しくなる場合、和や積が等しくなる場合などいろいろな場合がある。

044

例題 1

ノートが何冊かあったので、グループの人に配ることにした。8冊ずつ配ると12冊余ったので、9冊ずつ配ると5冊足りなくなった。グループの人は何人いたか。また、ノートは何冊あったか。

答え

グループの人数を x 人とする。2通りのノートの配り方をしているが、それぞれの方法ではノートの冊数は同じなので、ノートの冊数を x で表して方程式をつくる。

8冊ずつ配って12冊余った→ノートの冊数は、$8x + 12$

9冊ずつ配ると5冊足りなくなった→ノートの冊数は、$9x - 5$

$8x + 12 = 9x - 5$ という x についての1次方程式がつくれる。

これを解くと、$x = 17$ より、グループの人数は、17人

人数がわかったので $x = 17$ を $8x + 12$ に代入して、$8 \times 17 + 12 = 148$

よって、ノートの冊数は148冊

例題 2

りんご1個とみかん1個の重さの合計は230 g である。りんご3個とみかん5個の重さの合計は850 g である。りんごとみかん、それぞれ1個の重さは何 g か。

答え

りんごもみかんも重さがわからないので、連立方程式をつくる。

りんご1個の重さを xg、みかん1個の重さを yg とする。それぞれの個数と重さの関係が2つ示されているので、それぞれについて等式をつくると方程式が2つできる。

$$\begin{cases} x + y = 230 & \cdots ① \\ 3x + 5y = 850 & \cdots ② \end{cases}$$

この連立方程式を解くと、$x = 150$、$y = 80$　　よって、りんごは150g、みかんは80g

例題 3

1辺が xm の正方形の土地を縦の長さは変えないで、横の長さを7mにしたら、面積が60㎡小さくなった。もとの土地の1辺の長さを求めなさい。

答え

もとの土地の面積を x を使って2通りの式で表す。

初めは正方形の土地だったので面積は、$x \times x = x^2$（㎡）と表せる。

次に、縦の長さは変えないで横の長さだけを7mにしたときの面積は、$x \times 7 = 7x$（㎡）

これがもとの面積より60㎡小さい→もとの面積は $7x + 60$（㎡）と表せる。

これらの2つの式から、x についての2次方程式 $x^2 = 7x + 60$ ができる。

この方程式を解くと、$x = -5$、12

x は正方形の1辺なので、$x > 0$　よって、12 m

確 認 問 題

❶ Aさん、Bさん、Cさんの3人の年齢について考える。現在、AさんはBさんより4歳年上で、AさんとBさんの年齢を合わせて2倍すると、Cさんの年齢と等しくなる。18年後には、3人とも年齢を重ね、AさんとBさんの年齢を合わせると、Cさんの年齢と等しくなる。次の問いに答えなさい。　　　　[2020宮城]

⑴　Aさんの現在の年齢をx歳とするとき、Bさんの現在の年齢をxを使った式で表しなさい。

⑵　現在、CさんはAさんより何歳年上ですか、答えなさい。

❷ ある観光地で、大人2人と子ども5人がローブウェイに乗車したところ、運賃の合計は3800円であった。また、大人5人と子ども10人が同じローブウェイに乗車したところ、全員分の運賃が2割引となる団体割引が適用され、運賃の合計は6800円であった。このとき、大人1人の割引前の運賃をx円、子ども1人の割引前の運賃をy円として連立方程式をつくり、大人1人と子ども1人の割引前の運賃をそれぞれ求めなさい。

[2022栃木]

❸ 花子さんは、学校の遠足で動物園に行った。行きと帰りは同じ道を通り、帰りは途中にある公園で休憩した。行きは午前9時に学校を出発し、分速80mで歩いたところ、動物園に午前9時50分に着いた。帰りは午後2時に動物園を出発し、動物園から公園までは分速70mで歩いた。公園で10分間休憩し、公園から学校までは分速60mで歩いたところ、午後3時10分に学校に着いた。このとき、学校から公園までの道のりと、公園から動物園までの道のりは、それぞれ何mであったか、方程式をつくって求めなさい。　　　　[2022石川]

❹ Sさんは、2つの水槽A、Bで、合わせて86匹のメダカを飼育していた。水の量に対してメダカの数が多かったので、水だけが入った水槽Cを用意し水槽Aのメダカの$\frac{1}{5}$と、水槽Bのメダカの$\frac{1}{3}$を、それぞれ水槽Cに移した。移した後のメダカの数は、水槽Cの方が水槽Aより4匹少なかった。このとき、水槽Cに移したメダカは全部で何匹であったか求めなさい。　　　　[2022静岡]

5 次の資料は、ある中学校が発行した図書館だよりの一部である。この図書館だよりを読んで、9月に図書館を利用した男子と女子の人数を、それぞれ求めなさい。　　　　　　　　　　　　　　　　　　　　　　　　　　　[2022愛媛]

図書館利用者数　**33人**　増

10月の利用者数
9月と比べて
　男子　21% 増
　女子　10% 増

図書委員会の集計によると、10月の図書館利用者数は、男女合わせて253人であり、9月の図書館利用者数と比べると、33人の増加でした。皆さんもお気に入りの1冊を見つけに、図書館へ足を運んでみませんか？

6 下の図のような、縦 4cm、横 7cm、高さ 2cm の直方体 P がある。直方体 P の縦と横をそれぞれ x cm（$x>0$）長くした直方体 Q と、直方体 P の高さを x cm 長くした直方体 R をつくる。直方体 Q と直方体 R の体積が等しくなるとき、x の方程式をつくり、x の値を求めなさい。　　　　　　　　　　[2018栃木]

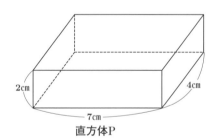

2cm　　　4cm

7cm

直方体P

Chapter 11 〔関数〕 比例と反比例

1 《 y が x に比例するとき

❶ **式**…$y = ax$（aは比例定数）

❷ **性質**…xの値が2倍、3倍、…になると、それにともなってyの値も2倍、3倍、…になる。

$\dfrac{y}{x}$の値は一定で、比例定数aに等しい。

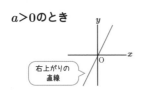

$y = 5x$

❸ **グラフ**…原点を通る直線。

$a > 0$のとき

$a < 0$のとき

> 右下がりの直線

> 右上がりの直線

> **参考**
>
> 変数x、yがあり、xの値を決めると、それにともなってyの値がただ1つに決まるとき、yはxの関数であるという。

> **参考**
>
>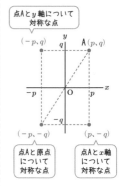
>
> 点Aとy軸について対称な点
>
> 点Aと原点について対称な点
>
> 点Aとx軸について対称な点

2 《 y が x に反比例するとき

❶ **式**…$y = \dfrac{a}{x}$（aは比例定数、$x \neq 0$）

❷ **性質**…xの値が2倍、3倍、…になると、それにともなってyの値は$\dfrac{1}{2}$倍、$\dfrac{1}{3}$倍、…になる。

xyの値は一定で、比例定数aに等しい。

$y = \dfrac{6}{x}$

❸ **グラフ**…原点に関して対称な双曲線。

$a > 0$のとき

$a < 0$のとき

> **参考**
>
> 比例定数aが0より大きいとき、
>
> ・比例$y=ax$の関係では、xの値が増えれば、yは一定の割合で増えていく。
>
> ・反比例$y = \dfrac{a}{x}$の関係では、xの値が増えると、yの値は減っていく。

3 《 比例と反比例の見分け方

・2つの変数xとyが比例するかどうかを見分けるときは、yをxの式で表したときに、$y = ax$（aは0でない定数）と表せれば、yはxに比例しているといえる。

・2つの変数xとyが反比例するかどうかを見分けるときは、yをxの式で表したときに、$y = \dfrac{a}{x}$（aは0でない定数）、または、$xy = a$と表せれば、yはxに反比例しているといえる。

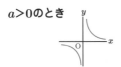

$y = ax$ 　比例の式の形

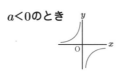

$y = \dfrac{a}{x}$ 　または 　$xy = a$ 　反比例の式の形

● 表をつかって、比例・反比例に慣れよう。慣れないうちは、1つずつ点を打ってグラフをたくさんかいてみよう。

例題 1

次のグラフの式を求めなさい。

(1)

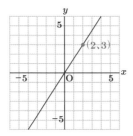

(2)

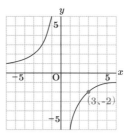

答え

原点を通る直線だから、比例のグラフである。

$y = ax$ とおく。 $\cdots$ 点 $(2, 3)$ を通るから、$x = 2$、$y = 3$を代入

$3 = a \times 2$、$2a = 3$、$a = \dfrac{3}{2}$

よって、$y = \dfrac{3}{2}x$

答え

双曲線だから、反比例のグラフである。

$y = \dfrac{a}{x}$ とおく。 $\cdots$ 点 $(3, -2)$ を通るから、$x = 3$、$y = -2$を代入

$-2 = \dfrac{a}{3}$、$a = -6$

よって、$y = -\dfrac{6}{x}$

例題 2

y は x に比例し、$x = 5$ のとき $y = -12$ である。$x = 6$ のときの y の値を求めなさい。

答え

y は x に比例しているので、$y = ax$ と表せる。これに $x = 5$、$y = -12$ を代入して、

$-12 = 5a$、$a = -\dfrac{12}{5}$ $\quad\cdots$→与えられた x、y の値を代入

よって、$y = -\dfrac{12}{5}x$ に $x = 6$ を代入して、$y = -\dfrac{12}{5} \times 6 = -\dfrac{72}{5}$

$\cdots$→与えられた値を代入

例題 3

y は x に反比例し $x = 5$ のとき $y = -12$ である。$x = 6$ のときの y の値を求めなさい。

答え

y は x に反比例しているので、$y = \dfrac{a}{x}$ と表せる。

$a = xy = 5 \times (-12) = -60$ なので、$y = -\dfrac{60}{x}$

$\cdots$→与えられた x、y の値を代入

これに $x = 6$ を代入して、$y = -\dfrac{60}{6} = -10$

$\cdots$→与えられた値を代入

確 認 問 題

日付	／	／	／
○△×			

1 次の問いに答えなさい。

(1)　yはxに比例し、$x=6$のとき、$y=-9$である。yをxの式で表しなさい。　　　[2020山口]

(2)　yはxに比例し、$x=-3$のとき、$y=18$である。$x=\dfrac{1}{2}$のときのyの値を求めなさい。　　[2021青森]

(3)　yはxに反比例し、$x=2$のとき、$y=4$である。このとき、yをxの式で表しなさい。　　[2022秋田]

(4)　yはxに反比例し、$x=-9$のとき、$y=2$である。$x=3$のときのyの値を求めなさい。　　[2022兵庫]

(5)　yはxに反比例し、$x=5$のとき、$y=4$である。$x=-10$のとき、yの値を求めなさい。　　[2022和歌山]

(6)　右の図のような、点$(-5、2)$を通る反比例のグラフがある。このグラフ
　　上の、x座標が3である点のy座標を求めなさい。　　　　　[2022宮城]

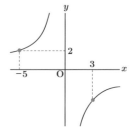

2 次の問いに答えなさい。

(1)　次のア〜エのうち、yがxに比例するものはどれか。1つ選びなさい。　　　[2020大阪]

　　ア　30gの箱に1個 6 g のビスケットをx個入れたときの全体の重さyg

　　イ　500mの道のりを毎分xmの速さで歩くときにかかる時間y分

　　ウ　長さ 140㎜の線香がx㎜燃えたときの残りの線香の長さy㎜

　　エ　空の水槽に水を毎秒 25mLの割合でx秒間ためたときの水槽にたまった水の量ymL

(2)　次のアからエまでの中から、yがxに反比例するものを全て選びなさい。　　　[2022愛知]

　　ア　1辺の長さが$x$cmである立方体の体積 y㎤

　　イ　面積が35㎠である長方形のたての長さ$x$cmと横の長さ$y$cm

　　ウ　1辺の長さが$x$cmである正方形の周の長さ$y$cm

　　エ　15kmの道のりを時速$x$kmで進むときにかかる時間y時間

③ 電子レンジで食品Aを調理するとき、電子レンジの出力をxW、食品Aの調理にかかる時間をy分とすると、yはxに反比例する。電子レンジの出力が500Wのとき、食品Aの調理にかかる時間は8分である。次の(1)、(2)の問いに答えなさい。 [2021 岐阜]

(1)　yをxの式で表しなさい。

(2)　電子レンジの出力が 600Wのとき、食品Aの調理にかかる時間は、何分何秒であるかを求めなさい。

④ 右の図のように、2つの関数$y = \dfrac{a}{x} (a > 0)$、$y = -\dfrac{5}{4}x$のグラフ上で、x座標が2である点をそれぞれA、Bとする。AB = 6となるときのaの値を求めなさい。 [2018 栃木]

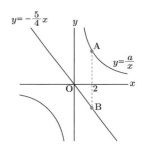

⑤ 右の図は、反比例の関係$y = \dfrac{a}{x}$のグラフである。ただし、aは正の定数とし、点Oは原点とする。 [2021 岡山]

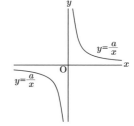

(1)　yがxに反比例するものは、ア〜エのうちではどれか。当てはまるものをすべて答えなさい。
　　ア　面積が20㎠の平行四辺形の底辺 $x$cmと高さ$y$cm
　　イ　1辺が$x$cmの正六角形の周の長さ$y$cm
　　ウ　1000mの道のりを毎分xmの速さで進むときにかかる時間y分
　　エ　半径$x$cm、中心角120°のおうぎ形の面積y㎠

(2)　グラフが点(4、3)を通るとき、①、②に答えなさい。
　　①　aの値を求めなさい。
　　②　xの変域が$3 \leqq x \leqq 8$のとき、yの変域を求めなさい。

(3)　aは6以下の正の整数とする。グラフ上の点のうち、x座標とy座標がともに整数である点が4個となるようなaの値を、すべて求めなさい。

関数
1次関数

1 ≪ 1次関数とは

xとyの関係を式で表したときに、$y=ax+b$（a、bは定数で、$a\neq0$）と表せるとき、**yはxの1次関数である**という。この1次関数をグラフにすると、右図のように直線になる。aはこのグラフの直線の傾きとなり、bはグラフがy軸と交わる点のy座標である。このとき、aを**傾き**、bを**切片**という。

📖 参考

グラフ…傾きa、切片bの直線。

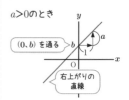

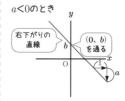

2 ≪ 変化の割合

yの増加量をxの増加量でわったものを**変化の割合**という。

$$（変化の割合）=\frac{（yの増加量）}{（xの増加量）}$$

例 1次関数$y=2x-1$において、xの値が1から3に
増加したとき、
xの増加量は、$3-1=2$
yの値は、$x=1$のとき…$y=2\times1-1=1$
$x=3$のとき…$y=2\times3-1=5$
より、$5-1=4$増加する。
よって、変化の割合は、$\dfrac{4}{2}=2$
これは、$y=2x-1$のxの係数と同じである。

x	…	1	2	3	…
y	…	1	3	5	…

📖 参考

$a=0$のときは、$y=b$となり、yはxによらず一定の値bとなる。また、$x=h$（hは定数）のときは、xはyによらず一定の値hとなる。

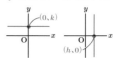

3 ≪ 1次関数の式の求め方

❶ 1次関数のグラフが通る点と傾きがわかっている場合

例 傾きが2で、点$(3、5)$を通る直線の式
$y=2x+b$、と書けるので、$x=3$、$y=5$を代入すると、
$5=2\times3+b$より$b=5-6=-1$ よって、$y=2x-1$となる。

❷ グラフが通る2点がわかっている場合

例 点$(1、2)$、$(3、8)$を通る直線の式
$y=ax+b$が点$(1、2)$を通ることから、$2=a+b$。また、
点$(3、8)$を通ることから、$8=3a+b$。これらによる連立方程式、
$$\begin{cases}2=a+b\\8=3a+b\end{cases}$$ を解いて、$a=3$、$b=-1$
よって、求める直線の式は、$y=3x-1$となる。

☆ 重要

連立方程式の解は、2直線の交点の座標を表す。
例
連立方程式
$$\begin{cases}y=3x-3 &…①\\y=-x+5 &…②\end{cases}$$
の解は、直線①、②の交点の座標である。

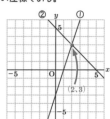

● $y = ax + b$ の変化の割合は a になる。変域の問題ではグラフをかいて、関数の動きを目で見て確認してみよう。

例題 1

次のグラフの式を求めなさい。

(1)

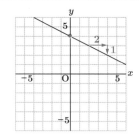

(2)

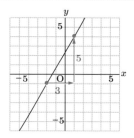

答え

点 $(0、4)$ を通るから切片は 4　右へ 2 進むと下へ 1、つまり上へ -1 進むから、傾きは $-\dfrac{1}{2}$

1 次関数の式は $y = ax + b$ $\quad$ $a = -\dfrac{1}{2}$、$b = 4$ を代入

よって、$y = -\dfrac{1}{2}x + 4$

答え

傾きは $\dfrac{5}{3}$ より、$y = \dfrac{5}{3}x + b$ とおく。

点 $(1、4)$ を通るから、

$4 = \dfrac{5}{3} \times 1 + b$、$b = \dfrac{7}{3}$

よって、$y = \dfrac{5}{3}x + \dfrac{7}{3}$

例題 2

$a > 0$ の $y = ax + b$ において x の変域が $-1 \leqq x \leqq 4$ のとき、y の変域が $-5 \leqq y \leqq 5$ である。この 1 次関数の式を求めなさい。

答え

$a > 0$ なので、x の値が大きくなると、y の値も大きくなる。

よって、$x = -1$ のとき $y = -5$、$x = 4$ のとき $y = 5$ である。

これらを $y = ax + b$ に代入して、次のような連立方程式をつくる。

$$\begin{cases} -a + b = -5 & \cdots① \\ 4a + b = 5 & \cdots② \end{cases}$$

②$-$①から、$5a = 10$、$a = 2$ $\quad$ ①から、$b = -5 + 2 = -3$

したがって、この 1 次関数の式は、$y = 2x - 3$

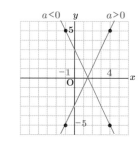

例題 3

A さんは 7 時に家を出て、1800m 離れた駅まで歩いた。兄は、7 時 10 分に自転車で家から駅へ向かった。そのときのようすを表したものが右の図である。兄が A さんを追いこした時刻を求めなさい。

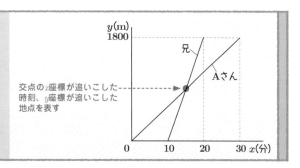

交点の x 座標が追いこした時刻、y 座標が追いこした地点を表す

答え

A さんの式…原点と $(30、1800)$ を通るから、$y = 60x$ $\quad$ $\cdots①$

兄の式…2 点 $(10、0)$、$(20、1800)$ を通るから、$y = 180x - 1800$ $\quad$ $\cdots②$

①、②を連立方程式とみて解くと、$x = 15$ $\quad$ よって、兄が A さんを追いこしたのは、7 時 15 分

交点の座標は連立方程式の解

解答解説 別冊P012

 確 認 問 題

| 日付 | / | / | / |
| ○△× | | | |

1 右の図において、直線は1次関数 $y = ax + b$ のグラフで、曲線は関数 $y = \dfrac{c}{x}$ のグラフである。座標軸とグラフが、右の図のように交わっているとき、a、b、c の正負の組み合わせとして正しいものを、次のア～クの中から1つ選びなさい。 [2022埼玉]

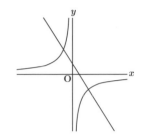

ア $a>0$、$b>0$、$c>0$　　　イ $a>0$、$b>0$、$c<0$

ウ $a>0$、$b<0$、$c>0$　　　エ $a>0$、$b<0$、$c<0$

オ $a<0$、$b>0$、$c>0$　　　カ $a<0$、$b>0$、$c<0$

キ $a<0$、$b<0$、$c>0$　　　ク $a<0$、$b<0$、$c<0$

2 次の問いに答えなさい。

(1) y が x の1次関数で、そのグラフが2点 $(4, 3)$、$(-2, 0)$ を通るとき、この1次関数の式を求めなさい。 [2019埼玉]

(2) 2点 $(-1, 1)$、$(2, 7)$ を通る直線の式を答えなさい。 [2022新潟]

3 右の図のように、関数 $y = -2x + 8 \cdots$① のグラフがある。①のグラフと x 軸との交点をAとする。点Oは原点とする。点Aの座標を求めなさい。 [2022北海道]

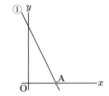

4 数学の授業で、先生が、スクリーンにコンピュータの画面を投影しながら説明している。□□□ は先生の説明である。次の(1)、(2)の問いに答えなさい。 [2021宮城]

(1) 先生が、スクリーンに画面を投影し、説明している。

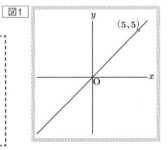

> 1次関数 $y = ax + b$ のグラフのようすを考えてみましょう。
> はじめに、a の値を1、b の値を0としたグラフと、グラフ上の点 $(5, 5)$ を表示します。
> このあと、b の値は変えず、a の値を1より大きくしたグラフを表示し、グラフの形を比べてみましょう。

図1は、先生が、はじめに表示した画面である。この説明のあとに表示される下線部のグラフとして、最も適切なものを、右のア～エから1つ選びなさい。

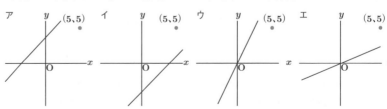

(2) 先生が、スクリーンにいくつかの画面を順に投影し、説明する。
あとの問いに答えなさい。

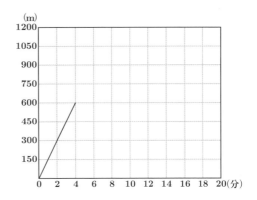
図2

> こんどは、直線や点をいくつか表示します。
> 点$(3、4)$、点$(5、0)$をそれぞれA、Bとし、点A、B、直線OAを表示します。さらに、点Bを通り、直線OAに平行な直線 ℓ を表示します。

図2は、点A、B、直線OA、ℓ を表示した画面である。直線 ℓ の式を答えなさい。

⑤ えりかさんの家から花屋を通って駅に向かう道があり、その道のりは1200mである。また、家から花屋までの道のりは600mである。えりかさんは家から花屋までは毎分150mの速さで走り、花屋に立ち寄った後、花屋から駅までは毎分60mの速さで歩いたところ、家を出発してから駅に着くまで20分かかった。右の図は、えりかさんが家を出発してから駅に着くまでの時間と道のりの関係のグラフを途中まで表したものである。
えりかさんが家を出発してから駅に着くまでのグラフを完成させなさい。ただし、花屋の中での移動は考えないものとする。　　　　　　　　　　　　　[2021福島]

⑥ 1次関数について、次の(1)、(2)に答えなさい。　　　　　　　　　　[2021山口]

(1) 右の表は、y が x の1次関数であり、変化の割合が -3 であるときの x と y の値の関係を表したものである。表中の □ にあてはまる数を求めなさい。

x	...	2	...	5	...
y	...	8	...	□	...

(2) 右の図のように、2つの1次関数 $y=-x+a$、$y=2x+b$ のグラフがあり、x軸との交点をそれぞれP、Qとし、y軸との交点をそれぞれR、Sとする。次の説明は、PQ＝12、RS＝9のときの、a と b の値を求める方法の1つを示したものである。説明中の □ にあてはまる、a と b の関係を表す等式を求めなさい。また、a、b の値をそれぞれ求めなさい。

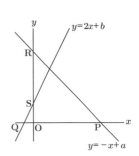

> 説明　PQ＝12より、□ …①
> 　　　RS＝9より、$a-b=9$ …②
> 　　　①、②を連立方程式として解くと、a、b の値を求めることができる。

13 関数 $y=ax^2$

1 xの2乗に比例する関数

❶ **式**…$y=ax^2$ （aは比例定数）

❷ **性質**…xの値がn倍になると、
yの値はn^2倍になる。

$\dfrac{y}{x^2}$の値は一定で、aに等しい。

x	1 $\xrightarrow{\times 2}$ 2 $\xrightarrow{\times 3}$ 3
x^2	1　　4　　9
y	2 $\underset{\times 2^2}{}$ 8 $\underset{\times 3^2}{}$ 18

$$y=2x^2$$

📖 参考

関数$y=ax^2$の式は、xとyの値の組が1組わかれば、式が決まる。

❸ **グラフ**…原点Oを頂点とする放物線。
y軸について対称。

💡 絶対おさえる！

☑ **$a>0$のとき**　　　　☑ **$a<0$のとき**

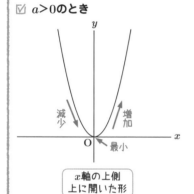　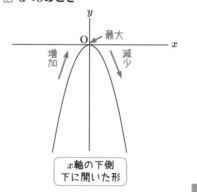

> x軸の上側
> 上に開いた形

> x軸の下側
> 下に開いた形

☆ 重要

・aの絶対値が大きいほどグラフの開き方は小さい。
・$y=ax^2$と$y=-ax^2$はx軸について対称である。

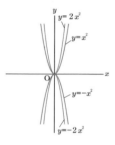

❹ **変化の割合**…$\dfrac{(y\text{の増加量})}{(x\text{の増加量})}$ で求める。

関数$y=ax^2$の変化の割合は一定ではない。

📖 参考

関数$y=ax^2$で、xの値がpからqまで増加するときの変化の割合は、
$$\dfrac{aq^2-ap^2}{q-p}=\dfrac{a(q+p)(q-p)}{q-p}$$
$$=a(p+q)$$
で求めることもできる。

❺ **変域**…変数のとりうる値の範囲。おおまかなグラフをかいて確認する。

例 関数$y=\dfrac{1}{4}x^2$について

① $-4\leqq x\leqq -2$のとき　　② $-2\leqq x\leqq 4$のとき

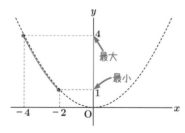　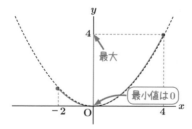

yの変域…$1\leqq y\leqq 4$　　yの変域…$0\leqq y\leqq 4$

> xの変域に0をふくむときは
> 特に注意する

☆ 重要

放物線と直線の交点

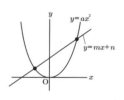

$y=ax^2$と$y=mx+n$のグラフの交点のx座標は、
$ax^2=mx+n$ の解

合格への
ヒント

● $y = ax^2$ は原点を境界線に増減が変化することに注意。グラフをたくさん
かくことで、変域の問題にも対応しやすくなるよ。

月　　日

Chapter 13

関数 $y = ax^2$

例題 1

y は x の2乗に比例し、$x = 4$ のとき $y = -8$ である。次の問いに答えなさい。

(1)　y を x の式で表しなさい。

(2)　$x = -2$ のときの y の値を求めなさい。

(3)　この関数のグラフをかきなさい。

(4)　x の値が2から6まで増加するときの変化の割合を求めなさい。

(5)　x の変域が $-4 \leqq x \leqq 2$ のときの y の変域を求めなさい。

答え

(1)　y は x の2乗に比例するから、式は $y = ax^2$ とおける。

この式に $x = 4$、$y = -8$ を代入して、$-8 = a \times 4^2$

┈┈▶ 与えられた x、y の値を代入

$16a = -8$、$a = -\dfrac{1}{2}$　よって、求める式は $y = -\dfrac{1}{2}x^2$

(2)　(1)で求めた式に $x = -2$ を代入して、$y = -\dfrac{1}{2} \times (-2)^2 = -2$

┈┈▶ 与えられた値を代入

(3)　$(-4、-8)$、$(-2、-2)$、$\left(-1、-\dfrac{1}{2}\right)$、$(0、0)$、$\left(1、-\dfrac{1}{2}\right)$、$(2、-2)$、

$(4、-8)$ などの点をなめらかな曲線でつなぐ。右図の通り。

$a < 0$ なので、下に開いた形になる。

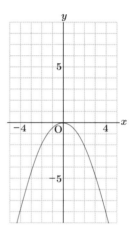

(4)　$x = 2$ のとき $y = -2$、$x = 6$ のとき $y = -18$ だから、

$\dfrac{-18-(-2)}{6-2} = \dfrac{-16}{4} = -4$ ┈▶ y の増加量
　　　　　　　　　　　　┈▶ x の増加量

別解 P56 📖参考 の $a(p+q)$ に代入して、$-\dfrac{1}{2} \times (2+6) = -\dfrac{1}{2} \times 8 = -4$

(5)　x の変域に 0 をふくむので注意する。y の値が最小となるのは、$x = -4$ のときで $y = -8$、y の値が最大となるのは、$x = 0$ のときで $y = 0$

よって、$-8 \leqq y \leqq 0$

例題 2

下の図で、放物線 $y = x^2$ と直線 $y = x + 2$ が2点A、Bに交わっている。2点A、Bの座標を求めなさい。

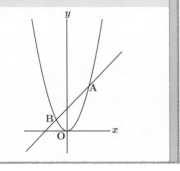

答え

2つの式 $y = x^2$ と $y = x + 2$ を連立方程式とみて解く。

$$x^2 = x + 2$$
$$x^2 - x - 2 = 0$$
$$(x - 2)(x + 1) = 0$$
$$x = 2、-1$$

方程式の解と
交点の x 座標は同じ

$x = 2$ のとき $y = 4$

$x = -1$ のとき $y = 1$

(点Aの x 座標) > (点Bの x 座標)より、A$(2、4)$、B$(-1、1)$

確認問題

日付	／	／	／
○△×			

1 次の問いに答えなさい。

(1) 右の表は、関数 $y = ax^2$ について、x と y の関係を表したものである。この
とき、a の値および表の b の値を求めなさい。　　　　　　[2021滋賀]

x	…	-6	…	4	…
y	…	b	…	6	…

(2) 右の図において、m は関数 $y = ax^2$(a は定数)のグラフを表す。A は m 上の点
であり、その座標は $(-6、7)$ である。a の値を求めなさい。　　[2022大阪]

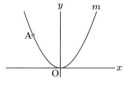

(3) 関数 $y = ax^2$ について、x の変域が $-2 \leqq x \leqq 3$ のとき、y の変域は $-36 \leqq y \leqq$
0 となった。このとき、a の値を求めなさい。　　　　　　[2021埼玉]

(4) 関数 $y = -3x^2$ について、x が -4 から 3 に増加したときの、y の変域を求めなさい。　　　[2022滋賀]

(5) 関数 $y = -3x^2$ について、x の変域が $-4 \leqq x \leqq 1$ のときの y の変域を求めなさい。　　　[2021東京]

2 右の図のように、関数 $y = \dfrac{8}{x}$ のグラフ上に2点A、Bがあり、
点 A の x 座標は4、線分 AB の中点は原点Oである。また、点
A を通る関数 $y = ax^2$ のグラフ上に点Cがあり、直線CAの傾
きは負の数である。次の問いに答えなさい。　　　[2021兵庫]

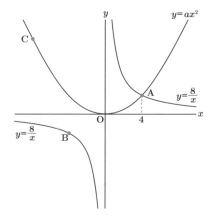

(1) 点Bの座標を求めなさい。

(2) a の値を求めなさい。

(3) 点Bを通り、直線CAに平行な直線と、y 軸との交点をDと
すると、△OACと△OBDの面積比は $3:1$ である。
　① 次の ア ～ ウ にあてはまる数をそれぞれ求めなさい。
　　点Cの x 座標は、 ア である。また、関数 $y = ax^2$ について、x の変域が ア $\leqq x \leqq 4$ のときの y の
　　変域は イ $\leqq y \leqq$ ウ である。
　② x 軸上に点Eをとり、△ACEをつくる。△ACEの3辺の長さの和が最小となるとき、点Eの x 座標を
　　求めなさい。

3 右の図のような台形ABCDがある。点P、Qが同時にAを出発して、Pは秒速2cmで台形の辺上をAからBまで動き、Bで折り返してAまで動いて止まり、Qは秒速1cmで台形の辺上をAからDを通ってCまで動いて止まる。P、QがAを出発してから x 秒後の△APQの面積を y cm²とする。　[2022岐阜改]

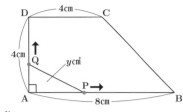

(1)　x と y の関係を表すグラフをかきなさい。（$0 \leqq x \leqq 8$）

(2)　△APQの面積と、台形ABCDから△APQを除いた面積の比が、3：5になるのは、P、QがAを出発してから何秒後と何秒後であるかを求めなさい。

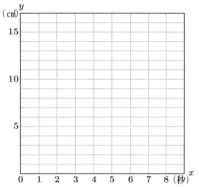

4 下の図1のように、AB = 10cm、BC = $a$cmの長方形ABCDと、∠P = 90°、PQ = PR = $b$cmの直角二等辺三角形PQRがある。長方形ABCDの辺ABと直角二等辺三角形PQRの辺PQは直線 ℓ 上にあり、点Aと点Qは同じ位置にある。この状態から、下の図2のように、直角二等辺三角形PQRを直線 ℓ にそって、矢印の向きに、点Qが点Bに重なるまで移動させる。AQ = $x$cmのときの、2つの図形が重なっている部分の面積を y cm²とする。このとき、次の問いに答えなさい。　[2022愛媛]

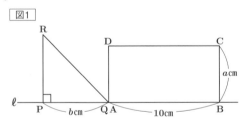
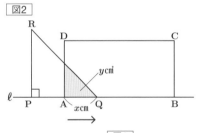

(1)　$a = 5$、$b = 6$ とする。$x = 3$ のとき、y の値を求めなさい。

(2)　x と y の関係が右の図3のようなグラフで表され、$0 \leqq x \leqq 4$ では原点を頂点とする放物線、$4 \leqq x \leqq 10$ では右上がりの直線の一部分と、x軸に平行な直線の一部分であるとき、

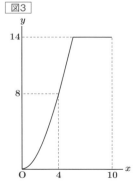

　①　$0 \leqq x \leqq 4$ のとき、y を x の式で表しなさい。

　②　a、b の値をそれぞれ求めなさい。

Chapter 14

関数

関数と図形の融合問題

例題 1

右の図で、点Oは原点、直線ℓと直線mは1次関数のグラフ
で、直線ℓの式は$y = -2x + 6$である。直線ℓとy軸との交点
をA、x軸との交点をB、直線mとy軸との交点をC、x軸と
の交点をD、直線ℓと直線mの交点をPとする。また、点C
のy座標は3である。次の(1)〜(3)の問いに答えなさい。ただし、
座標軸の単位の長さを1cmとする。

(1)　△ABOの面積を求めなさい。

(2)　△ABCの面積を求めなさい。

(3)　△ABDの面積が、△CBOの面積の3倍となるとき、直線
　　　mの式を求めなさい。

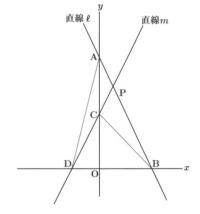

答え

(1)　点Aの座標は$(0、6)$である。点Bはy座標が0なので、x座標は
$0 = -2x + 6$より、$2x = 6$、$x = 3$
よって、B$(3、0)$
したがって、△ABOの面積は、
$\dfrac{1}{2} \times OB \times AO = \dfrac{1}{2} \times 3 \times 6 = 9$（cm²）

(2)　△ABCの底辺をACと見ると、高さはBOとなるので、
△ABCの面積は、$\dfrac{1}{2} \times AC \times BO = \dfrac{1}{2} \times (6-3) \times 3 = \dfrac{9}{2}$（cm²）

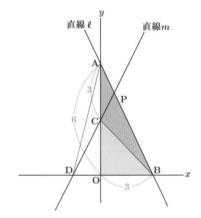

(3)　△CBOの面積$= \dfrac{1}{2} \times CO \times BO = \dfrac{1}{2} \times 3 \times 3 = \dfrac{9}{2}$（cm²）である。
D の座標を$(d、0)$とすると、BDの長さは$3 - d$となる。△ABDの面積は、△CBOの面積の3倍なので、
$\dfrac{1}{2} \times (3 - d) \times 6 = \dfrac{9}{2} \times 3$、$d = -\dfrac{3}{2}$
よって、D$\left(-\dfrac{3}{2}、0\right)$

直線mの式を$y = ax + 3$とおくと、$x = -\dfrac{3}{2}$のとき$y = 0$だから、
$0 = -\dfrac{3}{2}a + 3$、$a = 2$

直線mの式は、$y = 2x + 3$

● 面積の問題では「見方」を工夫しよう。三角形の問題は、底辺をどこにする
かがポイントになることが多いよ。

例題 2

右の図1において、放物線①は関数 $y = ax^2$ のグラフであり、放物線
②は関数 $y = x^2$ のグラフである。また、点Aは放物線①上の点であ
り、点Aの座標は $(2、2)$ である。このとき、次の問いに答えなさい。

[2019 愛媛]

(1) a の値を求めなさい。

(2) 関数 $y = x^2$ について、x の変域が $-5 \leq x \leq 2$ のときの y の変域を
求めなさい。

(3) 右の図2において、点Pは放物線①上の $x > 0$ の範囲を動く点で
ある。点Pを通り x 軸に垂直な直線と放物線②との交点をQ、点
Qを通り x 軸に平行な直線と②との交点のうち、点Qと異なる点
をR、点Rを通り x 軸に垂直な直線と放物線①との交点をSとし、
四角形PQRSをつくる。また、点Pの x 座標を t とする。

① 四角形PQRSの周の長さを t を使って表しなさい。

② 四角形PQRSの周の長さが60であるとき、t の値を求めなさ
い。また、点Aを通り、四角形PQRSの面積を2等分する直
線の傾きを求めなさい。

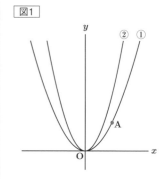

図1

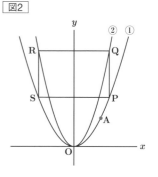

図2

答え

(1) 点A $(2、2)$ が $y = ax^2$ 上にあるので、$2 = a \times 2^2$ より、$a = \dfrac{1}{2}$

(2) $x = -5$ のとき、y の値は最大になって、$y = (-5)^2 = 25$、$x = 0$ のときに y の値は最小になって、$y = 0$
よって y の変域は、$0 \leq y \leq 25$

(3) ① P の座標は $\left(t、\dfrac{1}{2}t^2\right)$、Q の座標は $(t、t^2)$、R の座標は $(-t、t^2)$、S の座標は

$\left(-t、\dfrac{1}{2}t^2\right)$ である。四角形PQRSは長方形なので、周の長さは、

$(\mathrm{PQ} + \mathrm{QR}) \times 2 = \left|\left(t^2 - \dfrac{1}{2}t^2\right) + (t - (-t))\right| \times 2 = \left(\dfrac{1}{2}t^2 + 2t\right) \times 2 = t^2 + 4t$

② ①から、$t^2 + 4t = 60$、因数分解をして、$(t + 10)(t - 6) = 0$、$t > 0$ より、$t = 6$
四角形PQRSは長方形なので、この面積を2等分する直線は四角形PQRSの対角線の交点を通る。
対角線の交点は y 軸上。またその y 座標は、点P、点Qの y 座標

を用いて、$\left(\dfrac{1}{2}t^2 + t^2\right) \div 2$ で表すことができる。

よって $\left(\dfrac{1}{2}t^2 + t^2\right) \div 2 = \dfrac{3}{4}t^2 = \dfrac{3}{4} \times 6^2 = 27$

求める直線は点 $(0、27)$ と点A $(2、2)$ を通ることになる。
よって、その傾きは、

$\dfrac{2 - 27}{2 - 0} = -\dfrac{25}{2}$

> 長方形の面積を2等分する直線は、
> その長方形の対角線の交点を通る

確 認 問 題

日付	／	／	／
○△×			

1 右の図で、曲線は関数 $y = 2x^2$ のグラフである。曲線上に x 座標が -3、2 である2点A、Bをとり、この2点を通る直線 ℓ をひく。直線 ℓ と x 軸との交点をCとするとき、△AOCの面積を求めなさい。ただし、座標軸の単位の長さを 1cmとする。　　　　　　　[2021埼玉]

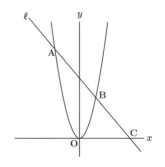

2 右の図1で、点Oは原点、点Aの座標は $(-12、-2)$ であり、直線 ℓ は1次関数 $y = -2x + 14$ のグラフを表している。直線 ℓ と y 軸との交点をBとする。直線 ℓ 上にある点をPとし、2点A、Pを通る直線を m とする。次の問いに答えなさい。　　　　　　　　　　　　[2021東京]

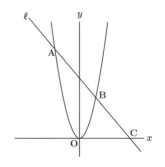

図1

(1) 次の　　　　の中の「あ」に当てはまる数字を答えなさい。
　　点Pの y 座標が10のとき、点Pの x 座標は　あ　である。

(2) 次の　①　と　②　に当てはまる数を、下のア～エのうちからそれぞれ選びなさい。
　　点Pの x 座標が4のとき、直線 m の式は、$y = $　①　$x + $　②　である。

　① 　ア　$-\dfrac{1}{2}$　　イ　$\dfrac{1}{2}$　　ウ　1　　エ　2

　② 　ア　4　　イ　5　　ウ　8　　エ　10

(3) 右の図2は、図1において、点Pの x 座標が7より大きい数であるとき、x 軸を対称の軸として点Pと線対称な点をQとし、点Aと点B、点Aと点Q、点Pと点Qをそれぞれ結んだ場合を表している。△APBの面積と△APQの面積が等しくなるとき、点Pの x 座標を求めなさい。

図2

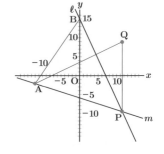

3 図で、Oは原点、A、Bは関数 $y = \dfrac{2}{x}$ のグラフ上の点で、x座標はそれぞ

れ1、3である。また、Cはx軸上の点で、x座標は正である。△AOB

の面積と△ABCの面積が等しいとき、点Cの座標を求めなさい。

[2020愛知]

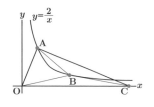

4 図1のように、関数 $y = -\dfrac{1}{4}x^2 \cdots$①のグラフ上に点A$(4、-4)$があり、

x軸上に点Pがある。また、点B$(-2、-4)$がある。

次の(1)～(4)に答えなさい。 [2020和歌山]

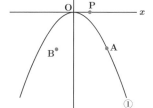

図1

(1) 関数 $y = -\dfrac{1}{4}x^2$ について、xの変域が $-6 \leqq x \leqq 1$ のとき、yの変域を求め

なさい。

(2) △PABが二等辺三角形となるPはいくつあるか、求めなさい。

(3) 図2のように、①のグラフと直線APが、2点A、Cで交わっている。C

のx座標が-2のとき、Pの座標を求めなさい。

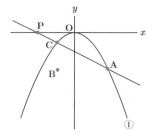

図2

(4) 図3のように、関数 $y = ax^2 \ (a > 0) \cdots$②のグラフ上に、$x$座標が$-3$で

ある点Dがある。Pのx座標が4のとき、四角形PABDの面積が50となる

ようなaの値を求めなさい。

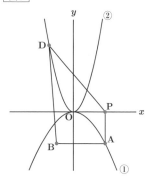

図3

15

図形
平面図形

1 図形の移動

平行移動	回転移動	対称移動

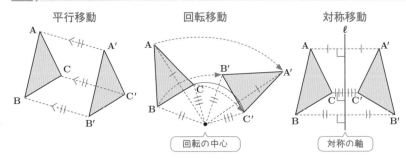

回転の中心 / 対称の軸

⚡ 重要

平行　　垂直

A ⟶ B　　A─┼─B

C ⟶ D

AB∥CD　　AB⊥CD

2 基本の作図

垂直二等分線の作図	角の二等分線の作図

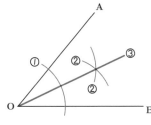
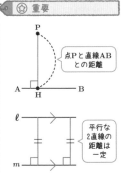

⚡ 重要

点Pと直線ABとの距離

平行な2直線の距離は一定

垂線の作図

・点Pが直線ℓ上にないとき　　・点Pが直線ℓ上にあるとき

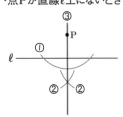
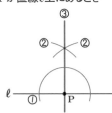

⚡ 重要

・線分ABの垂直二等分線上の点は、2点A、Bから等しい距離にある。

中点

・角の二等分線上の点は、2辺から等しい距離にある。

3 円とおうぎ形

❶ 名称

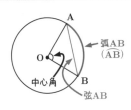

弧AB（⌢AB）/ 中心角 / 弦AB

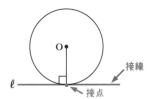

接線 / 接点

⚡ 重要

弦の垂直二等分線は、円の中心を通る。

❷ 計量

💡 **絶対おさえる！　おうぎ形の弧の長さと面積**

☑ **おうぎ形の弧の長さと面積**

$$\ell = 2\pi r \times \frac{a}{360}, \quad S = \pi r^2 \times \frac{a}{360}$$

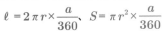

📖 参考

おうぎ形の面積は $S=\frac{1}{2}\ell r$ でも求められる。

合格への
ヒント

● 作図の問題を通して図形の成り立ちを理解しよう。普段から図をたくさんか
くことがより深い理解につながるよ。

例題 1

次の作図をしなさい。

(1) 線分ABの中点M

(2) △ABCの底辺をBCとしたときの高さAH

(3) 点Pを接点とする円Oの接線

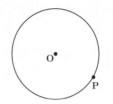

A ————— B

答え

(1) 線分ABの垂直二等分線と線分ABとの交点が中点Mである。

(2) 辺BCを延長して、Aからの垂線を作図する。

(3) 点Pを通り、半径OPに垂直な直線を作図すればよい。

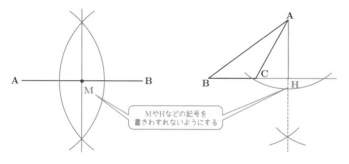

MやHなどの記号を
書きわすれないようにする

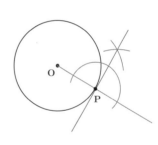

例題 2

おうぎ形OABの$\overparen{AB}$上にあって、$\overparen{AP}$＝$\overparen{BP}$となる点Pを作図しなさい。

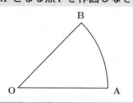

答え

$\overparen{AP} = \overparen{BP}$ → $\angle AOP = \angle BOP$ → $\angle AOB$の二等分線を作図すればよい。

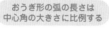

おうぎ形の弧の長さは
中心角の大きさに比例する

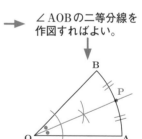

例題 3

半径8cm、中心角45°のおうぎ形の弧の長さと面積を求めなさい。 ----→ 公式に$r=8$、$a=45$を代入する

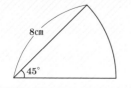

答え

・弧の長さ

$2\pi \times 8 \times \dfrac{45}{360}$

$= 2\pi$ (cm)

・面積

$\pi \times 8^2 \times \dfrac{45}{360}$

$= 8\pi$ (cm²)

別解

$S = \dfrac{1}{2}\ell r$より、

$\dfrac{1}{2} \times 2\pi \times 8 = 8\pi$ (cm²)

確認問題

日付	／	／	／
○△×			

1 右の図のように、方眼紙上に△ABCと2直線 ℓ 、m がある。3点A、B、Cは方眼紙の縦線と横線の交点上にあり、直線 ℓ は方眼紙の縦線と、直線 m は方眼紙の横線とそれぞれ重なっている。2直線 ℓ 、m の交点をO とするとき、△ABCを、点Oを中心として点対称移動させた図形をかきなさい。　　　　　　　　　　　　　　[2021京都]

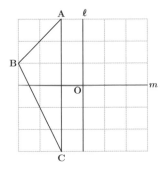

2 次の問いに答えなさい。ただし、作図には定規とコンパスを使い、作図に用いた線は消さずに残しておくこと。

(1) 下の図において、直線 ℓ 上の点Aを通り、直線 ℓ に垂直な直線を作図しなさい。　　[2019岐阜]

(2) 下の図において、∠AOBの二等分線を作図しなさい。　　　　　　　　　　　　[2019長崎]

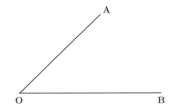

(3) 下の図のように、直線 ℓ と直線 ℓ 上にない2点A、Bがある。直線 ℓ 上にあり、2点A、Bから等しい距離にある点Pを作図しなさい。

[2021埼玉]

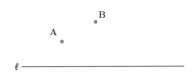

(4) 下の図において、点A、点Bは直線 ℓ 上にある異なる点である。AB＝AC、∠CAB＝90°となる点Cを1つ作図しなさい。　　　　[2019東京]

3 次の問いに答えなさい。ただし、作図には定規とコンパスを使い、作図に用いた線は消さずに残しておくこと。

(1) 下の図において、△ABCは鋭角三角形である。辺AB上にあり、△APCの面積と△BCPの面積が等しくなるような点Pを作図しなさい。

[2022東京]

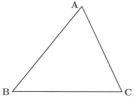

(2) 下の図のような△ABCがある。∠Bの二等分線上にあって、点Aからの距離が最も短い点Pを作図しなさい。

[2020高知]

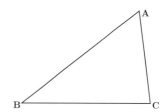

(3) 下の図のように、△ABCの辺AB上に点Pがある。点Pを通る直線を折り目として、点Aが辺BCに重なるように△ABCを折る。このとき、折り目となる直線を作図しなさい。[2018埼玉]

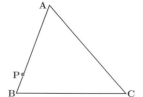

(4) 下の図のようなおうぎ形OABがある。AB上にあり、AP の長さが、PB の長さの3倍となる点Pを作図しなさい。

[2020徳島]

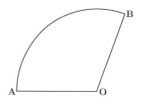

4 次の問いに答えなさい。ただし、円周率は π とする。

(1) 下の図は、半径が9cm、中心角が60°のおうぎ形である。このおうぎ形の弧の長さを求めなさい。

[2022栃木]

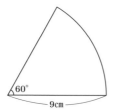

(2) 下の図は、半径が5cm、中心角が240°のおうぎ形である。このおうぎ形の面積を求めなさい。

[2021秋田]

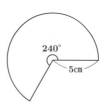

図形
空間図形

1 いろいろな立体

❶ 角柱、角錐、円柱、円錐

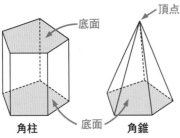

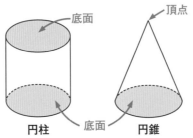

角柱　　　　　　角錐　　　　　　円柱　　　　　　円錐

❷ **多面体**…平面だけで囲まれた立体。

正多面体…正四面体、正六面体、正八面体、正十二面体、正二十面体の5種類だけ。

2 回転体

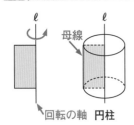

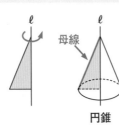

回転の軸　円柱　　　　　　　　　円錐

回転の軸に垂直な平面で切ると、切り口は円

3 2直線の位置関係

同じ平面上にある　　　　　　　　　同じ平面上にない

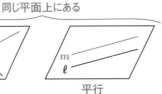

交わる　　　　　　平行　　　　　ねじれの位置

4 立体の体積と表面積

💡 絶対おさえる！

☑ （角柱・円柱の体積）＝（底面積）×（高さ）

☑ （角錐・円錐の体積）＝$\frac{1}{3}$×（底面積）×（高さ）

☑ （角柱・円柱の表面積）＝（底面積）×2＋（側面積）

☑ （角錐・円錐の表面積）＝（底面積）＋（側面積）

☑ （球の体積）　　＝$\frac{4}{3}\pi r^3$

☑ （球の表面積）＝$4\pi r^2$　　（rは半径）

⚠ 注意

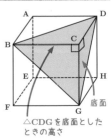

△CDGを底面としたときの高さ

☆ 重要

投影図
- 立面図…真正面から見た図
- 平面図…真上から見た図

展開図
・円柱の展開図

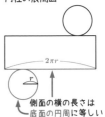

$2\pi r$

側面の横の長さは底面の円周に等しい

・円錐の展開図

$a°$

r

側面になるおうぎ形の弧の長さは底面の円周に等しい

側面になるおうぎ形の円全体に対する弧の長さの割合は、$\frac{半径}{母線}$に等しい。

$$\frac{a}{360}=\frac{r}{\ell}$$

📖 参考

母線の長さℓ、底面の半径rの円錐の側面積は、

$S=\pi\ell^2\times\frac{a}{360}$より、

$S=\pi\ell^2\times\frac{r}{\ell}$

$S=\pi\ell r$

合格への
ヒント

● 立体図形は「見ないで自分で」かけるようにしておこう。問題に図がかいて
あっても、普段からノートにかく習慣があるといいよ。

例題 1

下の図の正四角錐について、辺BCとねじ
れの位置にある辺をすべて答えなさい。

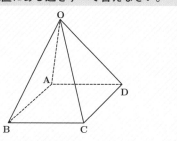

答え

・辺BCと交わる辺(図の〇印)
　…辺OB、AB、OC、CD
・辺BCと平行な辺(図の△印)
　…辺AD
・辺BCとねじれの位置にある辺
　(図の〇、△以外)
　…辺OA、OD

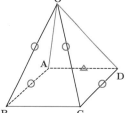

例題 2

次の立体の体積を求めなさい。

(1) 三角柱

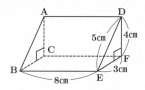

(2) 円錐

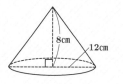

答え　(1)
△DEFを底面としたときの
高さはBE

よって、$\dfrac{1}{2} \times 3 \times 4 \times 8 = 48$(cm³)
　　　　＼＿底面積＿／　　高さ

(2) 底面の半径は $12 \div 2 = 6$(cm)
　　底面積は $\pi \times 6^2 = 36\pi$(cm²)

　　よって、$\dfrac{1}{3} \times \underbrace{36\pi}_{底面積} \times \underbrace{8}_{高さ} = 96\pi$(cm³)

例題 3

次の立体の表面積を求めなさい。

(1) 正四角錐

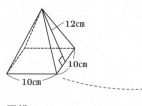

(2) 円錐

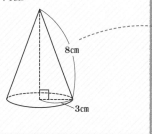

展開図で
考える

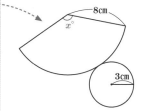

答え

(1)・底面積　$10 \times 10 = 100$(cm²)
・側面積　$\dfrac{1}{2} \times 10 \times 12 \times 4$
　　　　　$= 240$(cm²)　側面の三角形が
　　　　　　　　　　　　4つあるため
よって、表面積は、
$100 + 240 = 340$(cm²)

(2) 側面のおうぎ形の中心角を $x°$ とすると、
$2\pi \times 8 \times \dfrac{x}{360} = 2\pi \times 3$
$x = 135$
側面積は　$\pi \times 8^2 \times \dfrac{135}{360} = 24\pi$(cm²)
(別解 $S = \pi\ell r$ より $\pi \times 8 \times 3 = 24\pi$(cm²))
底面積は 9πcm²
よって、表面積は、
$24\pi + 9\pi = 33\pi$(cm²)

確認問題

解答解説　別冊P016

日付	／	／	／
○△×			

1 次の問いに答えなさい。

(1) 右の図のように、底面が正方形BCDEである正四角錐ABCDEがある。次のア〜キのうち、直線BCとねじれの位置にある直線はどれか。適当なものをすべて選びなさい。　　　　　　　　　[2021愛媛]

　ア　直線AB　　イ　直線AC　　ウ　直線AD　　エ　直線AE

　オ　直線BE　　カ　直線CD　　キ　直線DE

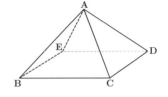

(2) 右の図の立方体について、次の①、②に答えなさい。　　　[2021和歌山]

　①　辺ABと垂直な面を1つ答えなさい。

　②　辺ADとねじれの位置にある辺はいくつあるか、答えなさい。

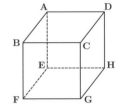

2 次の問いに答えなさい。ただし、**円周率はπとする。**

(1) 右の図において、四角形ABCDは長方形で、AB＝6cm、AD＝3cmである。四角形ABCDを、直線DCを軸として1回転させてできる立体をPとする。このとき、次の①、②に答えなさい。　　　　　　　　　　　　　　　　　[2021大阪]

　①　次のア〜エのうち、立体Pの見取図として最も適しているものはどれか。1つ選びなさい。

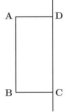

　②　立体Pの体積を求めなさい。

(2) 右の図において、おうぎ形OABは、半径が4cm、中心角が90°である。このおうぎ形OABを、AOを通る直線 ℓ を軸として1回転させてできる立体の体積を求めなさい。　　　　　　　　　　　　　　　　　[2022和歌山]

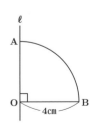

3 次の問いに答えなさい。ただし、円周率はπとする。

(1) 右の図のように、底面が1辺の長さ6cmの正方形ABCDで、側面がすべて
合同な二等辺三角形である正四角錐OABCDがある。また、この正四角
錐の高さは$3\sqrt{6}$cmである。このとき、正四角錐OABCDの体積を求めな
さい。 [2020長崎]

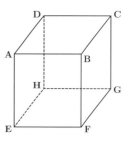

(2) 右の図において、立体ABCD－EFGHは直方体で、AE＝4cmである。底
面EFGHは、1辺の長さが$a$cmの正方形である。直方体ABCD－EFGHの
体積をaを用いて表しなさい。 [2018大阪]

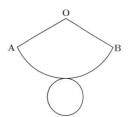

(3) 右の図は、母線の長さが8cm、底面の円の半径が3cmの円錐の展開図であ
る。図のおうぎ形OABの中心角の大きさを求めなさい。 [2022埼玉]

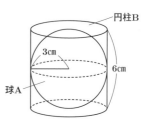

4 右の図は、半径3cmの球Aと、その球がちょうど入る円柱Bを表して
いる。このとき、次の問いに答えなさい。ただし、円周率はπとする。

[2022沖縄]

(1) 球Aの表面積を求めなさい。

(2) 球Aの体積を求めなさい。

(3) 次のア～エのうちから、正しいものを1つ選びなさい。
　　ア　球Aの表面積は、円柱Bの底面積の2倍である。
　　イ　球Aの表面積は、円柱Bの側面積に等しい。
　　ウ　球Aの体積は、円柱Bの体積の$\dfrac{1}{3}$倍である。
　　エ　球Aの体積は、円柱Bの体積の半分である。

(4) 体積が球Aの体積と等しく、底面が円柱Bの底面と合同である円錐を円錐Cとするとき、円錐Cの高さを求め
なさい。

図形

平行と合同

1 平行線と角

❶ 対頂角、同位角、錯角

対頂角は等しい

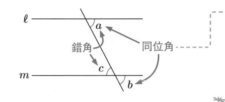

⭐ 重要

● 左の図で
  $\ell /\!/ m$ ならば $\angle a = \angle b$
  $\qquad\qquad\quad \angle a = \angle c$

  $\angle a = \angle b$
  $\angle a = \angle c$ ならば $\ell /\!/ m$

2 多角形の角

❶ 三角形の角

①三角形の3つの内角の和は180°

②三角形の外角は、それととなり合わない2つの

　内角の和に等しい。

❷ 多角形の角

①n角形の内角の和は$180° \times (n-2)$

②多角形の外角の和は360°

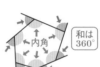

📖 参考

1つの内角が180°より大きい四角形

上の図で、
$\angle d = \angle a + \angle b + \angle c$

3 三角形の合同条件

💡 **絶対おさえる！　三角形の合同条件**

☑ 三角形の合同条件

　1 3組の辺がそれぞれ等しい。

　2 2組の辺とその間の角がそれぞれ等しい。

　3 1組の辺とその両端の角がそれぞれ等しい。

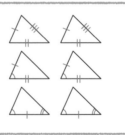

⭐ 重要

合同な図形の性質
合同な図形では、
①対応する辺の長さは等しい。
②対応する角の大きさは等しい。

例△ABC≡△DEFのとき

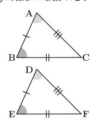

AB=DE、BC=EF、CA=FD
∠A=∠D、∠B=∠E、
∠C=∠F

4 証明

❶ 仮定と結論

図形の性質などで、「●●ならば■■である。」と表されるとき、●●の部分を

仮定、■■の部分を結論という。

❷ 証明

すでに正しいと認められていることがらを根拠にして、仮定から結論を導くこ

とを、証明という。

❸ 三角形の合同条件を利用した証明の手順

①証明する三角形を示す。➡②等しい辺や角を、根拠とともに示す。➡③合同

条件を示す。➡④結論を書く。

⚠ 注意

証明する三角形の辺や角は、対応する頂点が同じ順になるように書く。

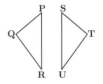

上の図で、頂点PとS、頂点QとT、頂点RとUが対応している。

● 証明問題は"他人に伝わること"が大切。まずは模範解答で型を勉強して、自分で答案をつくって先生に見てもらおう。

例題 1

次の図で、∠xの大きさを求めなさい。

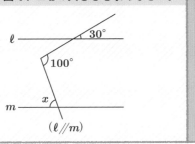

答え

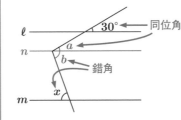

ℓ、mに平行な直線をひいて、平行線の性質を利用する

$\ell /\!/ n$より、∠a = 30°

∠b = 100° − ∠a

　　　= 100° − 30° = 70°

$n /\!/ m$より、∠x = ∠b

よって、∠x = 70°

例題 2

次の図で、∠xの大きさを求めなさい。

(1)

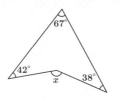

(2)

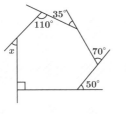

答え

(1)

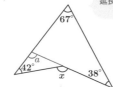

延長線をひいて、三角形の内角と外角の関係を利用する

∠a = 67° + 38° = 105°

∠x = 105° + 42° = 147°

1つの内角が180°をこえる四角形で、180°をこえる内角の外側の角は、その他の3つの内角の和となる

(2)

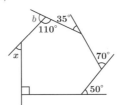

∠b = 180° − 110° = 70°

∠x = 360° − (70° + 35° +

　　　　70° + 50° + 90°)

　　= 45°

多角形の外角の和は360°

例題 3

次の図で、AB = DC、∠ABC = ∠DCBであるとき、AC = DBであることを証明しなさい。

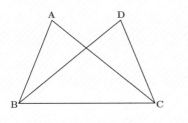

答え

（証明）　△ABCと△DCBにおいて、

　　　　　証明する三角形を対応する順に注意して書く

仮定より、AB = DC…①　根拠となることがらを書く

∠ABC = ∠DCB…②

共通な辺だから、BC = CB…③　合同条件を書く

①、②、③より2組の辺とその間の角がそれぞれ等しいから、

△ABC ≡ △DCB

合同な図形の対応する辺の長さは等しいから、

AC = DB　結論を書く

確 認 問 題

日付	／	／	／
○△×			

1 次の図で、 $\ell /\!/ m$ のとき、∠xの大きさを求めなさい。

(1)
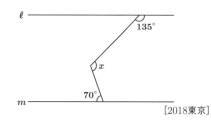
[2018東京]

(2)
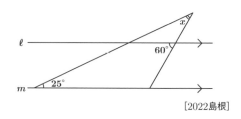
[2022島根]

(3)
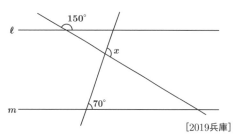
[2019兵庫]

(4)
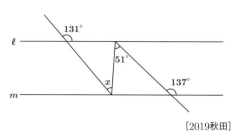
[2019秋田]

2 次の図で、∠xの大きさを求めなさい。

(1)
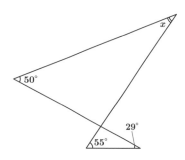
[2018長崎]

(2)
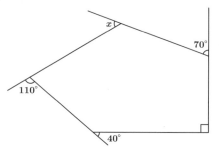
[2022兵庫]

(3)
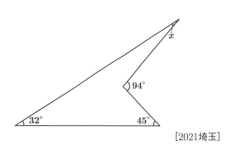
[2021埼玉]

(4) 図は、正十角形
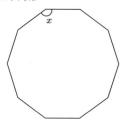
[2019山口]

3 次の問いに答えなさい。

(1) 右の図のように、線分ABと線分CDが、AP＝DP、CP＝BPとなるように、点Pで交わっている。このとき、△APC≡△DPBであることを証明しなさい。 [2018沖縄]

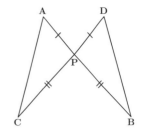

(2) 右の図の△ABCにおいて、点D、Eはそれぞれ辺AB、AC上にあり、AB＝AC、∠ABE＝∠ACDである。このとき、△ABE≡△ACDであることを証明しなさい。 [2018秋田]

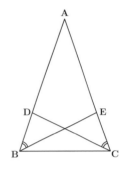

(3) 右の図のように、長方形ABCDを、対角線BDを折り目として折り返したとき、頂点Cが移る点をP、辺ADと線分BPとの交点をQとする。このとき、△ABQ≡△PDQであることを証明しなさい。 [2022徳島]

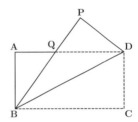

(4) 右の図において、△ABC≡△DBEであり、辺ACと辺BEとの交点をF、辺BCと辺DEとの交点をG、辺ACと辺DEとの交点をHとする。このとき、AF＝DGであることを証明しなさい。 [2021福島]

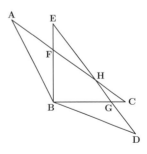

18 いろいろな三角形

1 二等辺三角形

① 定義…2辺が等しい三角形

等しい2辺の間の角を**頂角**、頂角に対する辺を

底辺、底辺の両端の角を**底角**という。

> **⚙ 重要 定義と定理**
>
> **定義**…言葉や記号の意味を
> はっきりと述べたも
> の。
> **定理**…証明されたことがら
> のうち、重要なもの。

② 性質

定理①…2つの**底角**は等しい。

定理②…頂角の二等分線は底辺を垂

直に**2等分**する。

> **📖 参考 中線**
>
> 頂点と、その向かい合う辺
> の中点を結んだ線を中線と
> いう。

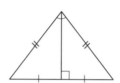

③ 二等辺三角形になるための条件

2つの角が等しい三角形は二等辺三角形である。

2 正三角形

① 定義…3辺が等しい三角形。

② 性質…3つの内角はすべて等しく、**60°**である。

③ 正三角形になるための条件

3つの角が等しい三角形は正三角形である。

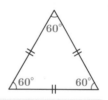

> **📖 参考 三角形の分類**
>
> 鋭角…90°より小さい角
> 直角…90°の角
> 鈍角…90°より大きい角
>
> 鋭角三角形…
> 3つの角がすべて鋭角

3 直角三角形

① 定義…1つの内角が直角である三角形。直角に対す

る辺を斜辺という。

② 直角三角形の合同条件

> 直角三角形…
> 1つの内角が直角

> 鈍角三角形…
> 1つの内角が鈍角

> **💡 絶対おさえる！ 直角三角形の合同条件**
>
> ☑ 直角三角形の合同条件
> **1** 斜辺と1つの鋭角がそれぞれ等しい。
>
> **2** 斜辺と他の1辺がそれぞれ等しい。

● 角度や辺の長さをどんどん図に書き込もう。いろいろと書き込んでいくう
　ちに、少しずつ答えがわかってくるよ。

例題 1

次の図で、△ABCはAB = BCの二等辺
三角形である。∠xの大きさを求めなさ
い。

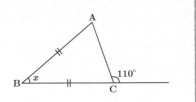

答え

∠BAC = ∠ACB　二等辺三角形の底角は等しい

　　　　　 = 180° − 110° = 70°

∠x = 110° − 70°　三角形の内角と外角の関係を
利用する

　　 = 40°

例題 2

次の図で、△ABCと△ECDは正三角形
である。頂点B、C、Dは一直線上にあ
り、頂点AとD、頂点BとEをそれぞれ
結ぶ。このとき、AD = BEとなること
を証明しなさい。

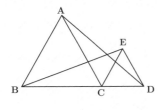

答え

（証明）　△ADCと△BECにおいて、△ABCと△ECDは正
三角形だから、

AC = BC …①

CD = CE …②　正三角形だから、3つの辺は等しく、
3つの角はすべて60°

∠ECD = ∠BCA = 60°

∠ACD = ∠ECD + ∠ACE = 60° + ∠ACE

∠BCE = ∠BCA + ∠ACE = 60° + ∠ACE

したがって、∠ACD = ∠BCE …③

①、②、③より、2組の辺とその間の角がそれぞれ等しいか
ら、△ADC ≡ △BEC

対応する辺の長さは等しいから、AD = BE

例題 3

次の図は、AB = ACの二等辺三角形
ABCである。頂点Cから辺ABにひいた
垂線と辺ABとの交点をD、頂点Bから
辺ACにひいた垂線と辺ACとの交点を
Eとする。このとき、DB = ECとなるこ
とを証明しなさい。

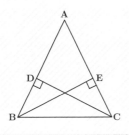

答え

（証明）　△DBCと△ECBにおいて、

仮定より、二等辺三角形の底角は等しいから、

∠DBC = ∠ECB …①　二等辺三角形の底角は等しい

共通な辺だから、BC = CB …②

仮定より、∠BDC = ∠CEB = 90° …③

①、②、③より、直角三角形の斜辺と1つの鋭角がそれぞれ
等しいから、△DBC ≡ △ECB　直角三角形の合同条件の利用

対応する辺の長さは等しいから、

DB = EC

確認問題

日付	／	／	／
○△×			

1 次の問いに答えなさい。

(1) 下の図で、AD＝BD＝CDのとき、∠x、∠y、∠zの大きさを求めなさい。　　　［2021福井］

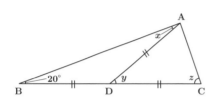

(2) 下の図の△ABCはAB＝ACの二等辺三角形である。点D、Eはそれぞれ辺AB、AC上の点で、点Fは直線BCとDEの交点である。このとき、∠DEAの大きさを求めなさい。　　［2019山梨］

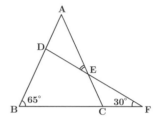

(3) 下の図で、△ABCは正三角形で、ℓ //mである。このとき、∠xの大きさを求めなさい。

［2022福島］

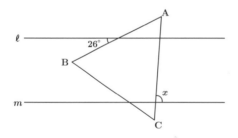

(4) 下の図で、五角形ABCDEは正五角形で、点Fは対角線BDとCEの交点である。このとき、∠xの大きさを求めなさい。　　　［2021岐阜］

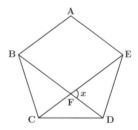

2 次の問いに答えなさい。

(1) 右の図のように、AB＝ACの二等辺三角形ABCの辺BC上に、BD＝CEとなるようにそれぞれ点D、Eをとる。ただし、BD＜DCとする。このとき、△ABE≡△ACDであることを証明しなさい。［2018栃木］

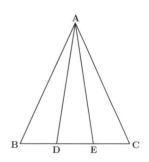

(2) 右の図で、△ABCは∠BAC＝90°の直角二等辺三角形で、△ADEは
∠DAE＝90°の直角二等辺三角形である。また、点Dは辺CBの延長
線上にある。このとき、△ADB≡△AECであることを証明しなさい。

[2020岐阜]

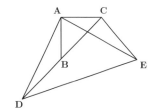

(3) 右の図のように、正三角形ABCがあり、辺AC上に点Dをとる。また、
正三角形ABCの外側に正三角形DCEをつくる。このとき、△BCD≡
△ACEであることを証明しなさい。

[2021青森]

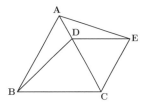

(4) 右の図のように、正三角形ABCの辺AB上に点Dを、辺BC上に点Eを、
辺CA上に点FをAD＝BE＝CFとなるようにとる。このとき、△ADF
≡△CFEであることを証明しなさい。

[2021神奈川]

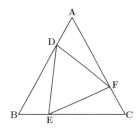

(5) 右の図のように、正三角形ABCの内部に点Pをとる。
線分APを点Aを中心に反時計回りに60°回転させた
線分をAQとする。このとき△APQは正三角形でAP
＝PQである。点Aから辺BCに平行でAD＝BCとなる
点Dをとるとき、CP＝DQであることを証明しなさい。

[2022滋賀]

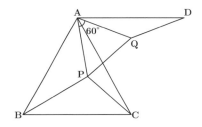

特別な四角形

1 平行四辺形

① **定義**…2組の対辺がそれぞれ平行である四角形

② **平行四辺形になるための条件**

> 💡 **絶対おさえる！　平行四辺形になるための条件**
>
> ☑ 平行四辺形になるための条件
> 　1 2組の対辺がそれぞれ平行である。（定義）
> 　2 2組の対辺がそれぞれ等しい。　　　⎫
> 　3 2組の対角がそれぞれ等しい。　　　⎬ 性質
> 　4 対角線がそれぞれの中点で交わる。⎭
> 　5 1組の対辺が平行でその長さが等しい。
>
>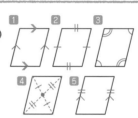

📖 参考　対辺と対角

四角形で、向かい合う辺を対辺、向かい合う角を対角という。

対辺
対角

2 特別な平行四辺形

① **長方形**　**定義**…4つの角が等しい四角形。
　　　　　　　性質…対角線の長さは等しい。

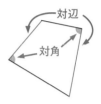

② **ひし形**　**定義**…4つの辺が等しい四角形。
　　　　　　性質…2本の対角線は垂直に交わる。

⭐ 重要　平行四辺形の性質

定理
①2組の対辺がそれぞれ等しい。
②2組の対角がそれぞれ等しい。
③対角線がそれぞれの中点で交わる。

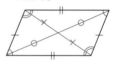

③ **正方形**　**定義**…4つの辺が等しく、4つの角が等しい四角形。
　　　　　　性質…2本の対角線の長さは等しく、垂直に交わる。

⭐ 重要　四角形の分類

長方形、ひし形、正方形は平行四辺形の特別な場合である。
下の図のような関係になっている。

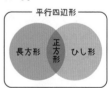
平行四辺形
長方形　正方形　ひし形

3 平行線と面積

① **面積が等しい三角形**

右の図の△ABCと△DBCで、AD//BCのとき、底辺をBCとみると、高さが等しくなるから、△ABC＝△DBC

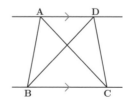

② **等積変形**

▶ 四角形ABCDと面積が等しい三角形をかく手順

1 頂点Dを通り、対角線ACに平行な直線 ℓ をひく。

2 直線BCと直線 ℓ との交点をEとし、△ABEをかく。

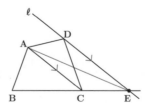

📖 参考　台形

1組の対辺が平行な四角形を台形という。

● 平行線の性質は入試に頻出。等しい角度と、等しい面積の作図をマスターしておこう。

例題 1

次の図の四角形ABCDは平行四辺形で、辺BC、AD上にBE = DFとなる点E、Fをそれぞれとる。このとき、AE = CFであることを証明しなさい。

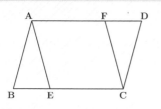

答え

（証明）　△ABEと△CDFにおいて、

仮定より、BE = DF …①

平行四辺形の対辺は等しいから、　　〈平行四辺形の性質〉

AB = CD …②

平行四辺形の対角は等しいから、∠ABE = ∠CDF …③

①、②、③より、2組の辺とその間の角がそれぞれ等しいから、△ABE ≡ △CDF

合同な図形の対応する辺の長さは等しいから、

AE = CF

例題 2

次の図において、四角形ABCDはひし形で、点Oは2本の対角線の交点である。このとき、x、yの値を求めなさい。

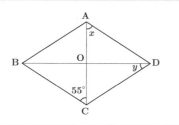

答え

ひし形は平行四辺形でもあるので、　〈ひし形は平行四辺形の特別な場合である〉

AD∥BCより、錯角は等しいから、

∠x = ∠ACB = 55°

DA = DCより、

∠DCO = ∠x = 55°

ひし形の2本の対角線は垂直に交わるから、　〈ひし形の性質〉

∠DOC = 90°

よって、∠y = 180° − (55° + 90°) = 35°

例題 3

次の図で、x軸上の正の部分に点Eをとり、四角形ABCDと面積が等しい△ABEをつくる。点Eの座標を求めなさい。

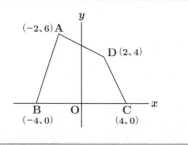

答え

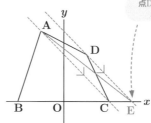

点Dを通り、直線ACと平行な直線とx軸との交点をEとすればよい

四角形ABCD
= △ABC + △ACD
= △ABC + △ACE
= △ABE

直線AC…傾きは−1

直線DE…点(2、4)を通り、傾き−1だから、

〈平行な2直線の傾きは等しい〉

$y = -x + 6$

点Eの座標…x軸上の点だから、

$0 = -x + 6$、$x = 6$

よって、E(6、0)

確認問題

日付	／	／	／
○△×			

1 次の問いに答えなさい。

(1) 下の図のような平行四辺形ABCDにおいて、辺BC上に点E、辺AD上に点Fを、AE＝EF、∠AEF＝30°となるようにとる。このとき、∠xの大きさを求めなさい。　[2021島根]

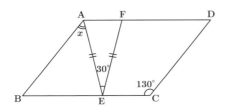

(2) 下の図のように、∠ADC＝50°の平行四辺形ABCDがある。辺AD上にCD＝CEとなるように点Eをとる。∠ACE＝20°のとき、∠xの大きさを求めなさい。ただしAB＜ADとする。　[2018和歌山]

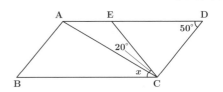

(3) 下の図のような正方形ABCDにおいて、辺CD上に点Eをとり、点BとEを結ぶ。線分BE上に、点Fを、AB＝AFとなるようにとり、点Aと点Fを結ぶ。∠DAF＝40°のとき、∠EBCの大きさを求めなさい。　[2020香川]

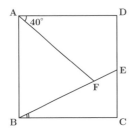

(4) 下の図のような長方形ABCDにおいて、点E、Fはそれぞれ、辺DC、AD上の点である。また、点Gは線分AEとFBとの交点である。∠GED＝68°、∠GBC＝56°のとき、∠AGBの大きさを求めなさい。　[2019愛知]

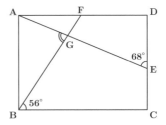

2 次の問いに答えなさい。

(1) 右の図のように、平行四辺形ABCDの頂点A、Cから対角線BDに垂線をひき、対角線との交点をそれぞれE、Fとする。このとき、四角形AECFは平行四辺形であることを証明しなさい。　[2020埼玉]

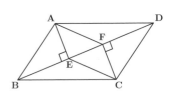

(2) 右の図のように四角形ABCDは、∠ABCが鋭角の平行四辺形である。△EDCは、ED＝ECの二等辺三角形で、点Eは直線BC上にある。点Fは頂点Aから辺BCにひいた垂線と辺BCとの交点である。点Gは頂点Cから辺EDにひいた垂線と辺EDとの交点である。このとき、△ABF≡△CDGであることを証明しなさい。

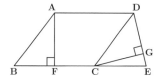

[2021大阪]

(3) 右の図のように、AD∥BCの台形ABCDがあり、対角線AC、BDの交点をEとする。線分BE上に点Fを、BF＝DEとなるようにとる。点Fを通り、対角線ACに平行な直線と辺AB、BCとの交点をそれぞれG、Hとする。このとき、AD＝HBであることを証明しなさい。 [2021北海道]

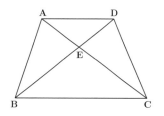

(4) 右の図のように、平行四辺形ABCDの対角線の交点をOとし、線分OA、OC上に、AE＝CFとなる点E、Fをそれぞれとる。このとき、四角形EBFDは平行四辺形であることを証明しなさい。

[2019埼玉]

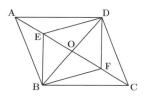

(5) 右の図のように、AB＜BC、∠ABCが鋭角の平行四辺形ABCDがあり、∠BCDの二等分線と辺ADとの交点をEとする。また、辺BCの延長上に点Fを、CF＝DFとなるようにとる。さらに、辺CD上に点Gを、CG＞GDとなるようにとり、線分DF上に点Hを、DG＝DHとなるようにとる。このとき、△DEG≡△DCHであることを証明しなさい。 [2022神奈川]

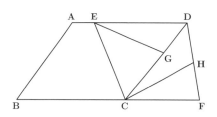

Chapter 20

［図形］
いろいろな証明

1 作図と証明

例 ∠AOBの二等分線の作図の証明

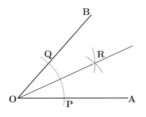

▶ 作図の手順
- - - - - - - -

1 点Oを中心とする円をかき、直線OA、OB
との交点をそれぞれP、Qとする。

2 P、Qを中心とする半径が等しい円をかき、そ
の交点をRとする。

3 2点O、Rを通る半直線をひく。

（証明） △OPRと△OQRにおいて、

OP＝OQ… ①　　PR＝QR… ②　　ORは共通 …③

①、②、③より、3組の辺がそれぞれ等しいから、△OPR≡△OQR

合同な図形の対応する角の大きさは等しいから、∠POR＝∠QOR

> ☆ 重要　証明の根拠
>
> 証明でよく使う根拠となる性質
> ①対頂角の性質
> ②平行線の性質(同位角・錯角)
> ③三角形の内角と外角の性質
> ④多角形の内角と外角の性質
> ⑤三角形の合同条件
> ⑥合同な図形の性質
> ⑦二等辺三角形の性質
> ⑧正三角形の性質
> ⑨平行四辺形の性質
> などがある。

2 折り返した図形と証明

例 右の図の長方形ABCDを点Cが点Aに重なるよ
うに折り返すとき、AF＝AEである。

（証明）　点Dが移った点をGとすると、折り返した
図だから、∠AFE＝∠CFE

AD∥BCより錯角は等しいから、∠AEF＝∠CFE

よって、∠AFE＝∠AEFとなるので、

△AFEは二等辺三角形となる。よって、AF＝AE

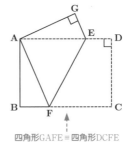

四角形GAFE≡四角形DCFE

> ☆ 重要
>
> 折り返した図形と合同
> 折り返した図形と、折り返す前の元の図形には合同な図形がある。対応する辺の長さや角の大きさが等しいことを利用する。下の図で、
> △ADE≡△FDE
>
>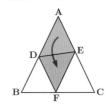

3 いろいろな証明

例 右の図で△ABCが正三角形で、BD＝CEであると
き、∠AFEの大きさを求める。

△ABDと△BCEにおいて、仮定より、BD＝CE …①

△ABCは正三角形だから、AB＝BC… ②　　∠ABD
＝∠BCE＝60° …③

①、②、③より、2組の辺とその間の角がそれぞれ

等しいので、△ABD≡△BCE

合同な図形の対応する角の大きさは等しいので、∠BAD＝∠CBE

∠AFE＝∠ABF＋∠BAF＝∠ABF＋∠CBE＝∠ABC＝60°

よって、∠AFE＝60°

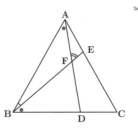

> ⚠ 注意
>
> 左の例では、△ABFで、内角と外角の性質から、∠ABF＋∠BAF＝∠AFEであることがわかる。
> 角や線分の長さなど、直接求めることができない場合、求めたい角や線分の長さと等しくなる角や線分を見つけ出し、合同を利用して導く。

月 日

● 証明問題はまず図に情報を書き込んで証明の方針を明らかにしよう。見通しが立ってから答案を作るのがポイント。

合格への
ヒント

Chapter 20　いろいろな証明

例題 1

次の手順で直線PQを作図するとき、直線PQは ℓ の垂線であることを証明しなさい。

1. 点Pを中心とする円をかき、円と直線 ℓ の交点をそれぞれA、Bとする。
2. A、Bを中心とする半径が等しい円をかき、その交点をQとする。
3. 2点P、Qを通る直線をひく。

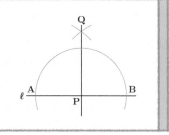

答え （証明）　点Qと点A、Bをそれぞれ結ぶ。△QAPと△QBPにおいて、

AP = BP …①　　AQ = BQ …②　　QP は共通 …③

①は作図の手順1
②は作図の手順2
③は図から読み取れる

①、②、③より、3組の辺がそれぞれ等しいから、△QAP ≡ △QBP

合同な図形の対応する角の大きさは等しいから、∠QPA = ∠QPB

∠QPA + ∠QPB = 180°より、∠QPA = ∠QPB = 90°

したがって、直線PQは ℓ の垂線である。

例題 2

右の図の長方形ABCDを対角線BDで折り返すとき、点Cが移った点をE、辺ADと線分BEの交点をFとするとき、△FBDは二等辺三角形になることを証明しなさい。

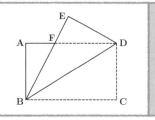

答え （証明）　折り返した図だから、∠FBD = ∠CBD　　AD∥BCより

折り返した部分の△BEDと
△BCDが合同になる

∠FDB = ∠CBD　　よって、∠FBD = ∠FDB

2つの角が等しいから、△FBDは二等辺三角形である。

2つの角が等しい三角形は二等辺三角形

例題 3

右の図において、△ABCは∠BAC = 90°の直角二等辺三角形である。頂点Aを通る直線 ℓ に、頂点B、Cからそれぞれ垂線をひき、直線 ℓ との交点をそれぞれD、Eとする。このとき、BD + CE = DEであることを証明しなさい。

BD = AE、CE = ADがいえれば
BD + CE = DEが証明できる

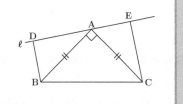

答え （証明）　△ABDと△CAEにおいて、仮定より、

AB = CA …①　　∠ADB = ∠CEA = 90° …②

一直線上　∠BAD = 180° − (90° + ∠EAC)　　また、∠ACE = 180° − (90° + ∠EAC)　三角形の内角の和

よって、∠BAD = ∠ACE …③　　①、②、③より、直角三角形の斜辺と1つの鋭角がそれぞれ等しいから、△ABD ≡ △CAE　　合同な図形の対応する辺の長さは等しいから、

BD = AE、CE = ADより、BD + CE = AE + AD = DEである。

085

確 認 問 題

日付	／	／	／
○△×			

1 図1のように、円Oの外部の点Aから、円Oに接線を2本ひき、接点をP、Qとする。このとき、次の問いに答えなさい。　　　　　　　　　　［2019秋田］

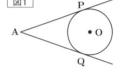

(1) 健太さんは、接点P、Qを作図する手順を説明した。[健太さんの説明] が正しくなるように@、ⓑ、ⓒにあてはまるものを、次のア～ウからそれぞれ1つずつ選びなさい。

[健太さんの説明]

> ア　線分AOの垂直二等分線をひき、線分AOとの交点をMとする。
> イ　点Mを中心として、線分AMを半径とする円をかき、円Oとの交点をそれぞれP、Qとする。
> ウ　線分AOをひく。

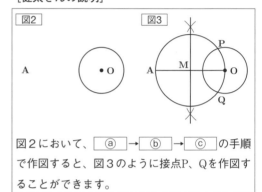

図2において、 @ → ⓑ → ⓒ の手順で作図すると、図3のように接点P、Qを作図することができます。

(2) [健太さんの説明] を聞いた詩織さんは、線分AP、AQの長さが等しい理由を説明した。[詩織さんの説明] が正しくなるように、ⓓに [証明] の続きを書き、完成させなさい。

[詩織さんの説明]

> 図4のように、図1の点Oと点A、点Oと点P、点Oと点Qをそれぞれ結ぶと、△APO≡△AQOとなることが証明できます。
> [証明] △APOと△AQOにおいて、
>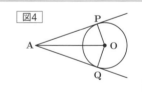
>
> |　　　　　　　　　　ⓓ　　　　　　　　　　|
> |---|
>
> 合同な図形の対応する辺は等しいから、AP＝AQとなります。

2 右の図のような平行四辺形ABCDの紙を、頂点Bが頂点Dに重なるように折ったとき、頂点Aが移った点をGとし、その折り目をEFとする。このとき、△GDE≡△CDFであることを証明しなさい。　　［2020兵庫］

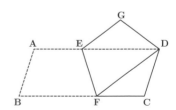

3 右の図のように、ひし形ABCDの紙を、辺ABと辺CDが対角線 BDと重なるように折った。線分BE、DFは折り目であり、点A、 Cが移った対角線BD上の点をそれぞれG、Hとする。このとき、 △BFHと△DEGが合同になることを証明しなさい。　[2022青森]

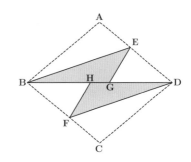

4 右の図で、四角形ABCDは正方形で、点Eは対角線上の点で、AE ＞ECである。また、点F、Gは四角形DEFGが正方形となる点で ある。辺EFとDCは交わるものとする。このとき、∠DCGの大 きさを求めなさい。また、どのようにして求めたか、説明しな さい。　　　　　　　　　　　　　　　　　　　　[2019愛知]

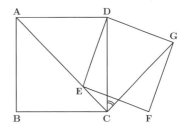

5 右の図のように、∠Aが鋭角で、AB＝ACの二等辺三角形ABC があり、点Pは辺BC上にある。点Pから辺AB、ACに垂線をひき、 辺AB、ACとの交点をそれぞれD、Eとする。点Pが辺BC上のど の位置にあっても、PD＋PEの長さは一定であることの［証明］ を完成させなさい。ただし、点Pが頂点B、C上にあるときは考 えないものとする。　　　　　　　　　　　　　　　[2018石川]

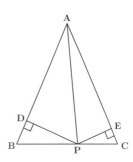

［証明］

> 頂点Bから辺ACに垂線をひき、ACとの交点をFとする。
> また、点PからBFに垂線をひき、BFとの交点をGとする。
>
> 〔証明の続き〕

21 図形 相似な図形

1 相似

① 相似な図形

ある図形を、形はそのままで**拡大**または**縮小**した図形は、もとの図形と相似であるという。

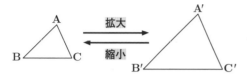

拡大　縮小

$\triangle ABC \backsim \triangle A'B'C'$

相似を表す記号

相似な図形の性質 { ①対応する線分の長さの比はすべて等しい。 → 相似比
②対応する角の大きさはそれぞれ等しい。

⭐ 重要　相似比

2つの相似な図形の、対応する線分の長さの比を相似比という。

例下の図で、△ABC∽△DEFであるとき、相似比は1:2である。

② 三角形の相似条件

> 💡 **絶対おさえる！　三角形の相似条件**
>
> ☑ **三角形の相似条件**
>
> 1 **3組の辺の比がすべて等しい。**
>
> $a:a'=b:b'=c:c'$
>
> 2 **2組の辺の比とその間の角がそれぞれ等しい。**
>
> $a:a'=c:c'$、$\angle B = \angle B'$
>
> 3 **2組の角がそれぞれ等しい。**
>
> $\angle B = \angle B'$、$\angle C = \angle C'$

⚠️ 注意

対応する辺や角は、図形の向きをそろえて確認！

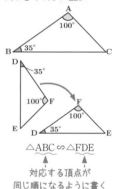

$\triangle ABC \backsim \triangle FDE$

対応する頂点が同じ順になるように書く

▶ 三角形の相似条件を利用した証明の手順

1 証明する三角形を示す。

2 等しい辺の比や角を、根拠とともに示す。

3 相似条件を示す。

4 結論を書く。

2 相似比と面積比・体積比

① 平面図形

2つの相似な図形の相似比が$m:n$であるとき、面積比は$m^2:n^2$である。

② 立体図形

2つの相似な立体の相似比が$m:n$であるとき、表面積比は$m^2:n^2$であり、体積比は$m^3:n^3$である。

⭐ 重要　相似の位置

2つの図形の対応する点を結ぶ直線がすべて点Oで交わり、点Oから対応する点までの長さの比がすべて等しいとき、2つの図形は相似の位置にあるという。また、この点Oを相似の中心という。

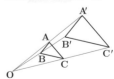

合格への
ヒント

● 相似のパターンを覚えておこう。特に平行線がある場合は、等しい角度が
できて相似な図形が出てきやすいよ。

例題 1

次の図で、xの値を求めなさい。

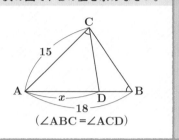

（∠ABC＝∠ACD）

答え

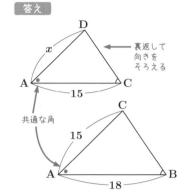

裏返して
向きを
そろえる

共通な角

2組の角がそれぞれ等しいから、

△ABC∽△ACD

AB : AC = AC : AD

18 : 15 = 15 : x

$x = \dfrac{25}{2}$

比の性質 $a : b = c : d$ ならば
$ad = bc$ を利用して解く

例題 2

右の図は、∠BAC＝90°の直角三角形ABCである。頂点Aから
辺BCにひいた垂線と辺BCとの交点をDとするとき、△ABD∽
△CADであることを証明しなさい。

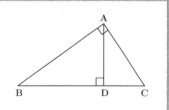

答え　（証明）

　　　△ABDと△CADにおいて、

　　　仮定より、∠ADB ＝ ∠CDA ＝ 90° …①

　　　∠ABD ＝ 180° － (90° ＋ ∠BAD) ＝ 90° － ∠BAD …②

　　　∠CAD ＝ 90° － ∠BAD …③

　　　②、③より、∠ABD ＝ ∠CAD …④

　　　①、④より、2組の角がそれぞれ等しいので、

　　　△ABD∽△CAD

証明する三角形を
対応する順に注意して書く

根拠となることがらを書く

相似条件を書く

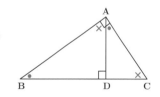

例題 3

右下の図において、四角錐PとQは相似で、その相似比が3：4であるとき、次の問いに答えなさい。

(1) 四角錐PとQの表面積の比を求めなさい。

(2) 四角錐Pの体積が108cm³のとき、四角錐
　　 Qの体積を求めなさい。

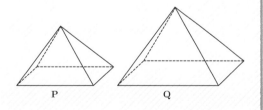

答え　(1) 相似比が3：4だから、表面積の比は $3^2 : 4^2 = 9 : 16$

　　　(2) 体積比は $3^3 : 4^3 = 27 : 64$　四角錐Qの体積を V とすると、

　　　　　$108 : V = 27 : 64$　　$27V = 108 \times 64$　　$V = 256$（cm³）

相似比 ➡ 3：4
表面積の比
$3^2 : 4^2 = 9 : 16$
体積比
$3^3 : 4^3 = 27 : 64$

確認問題

日付	／	／	／
○△×			

1 次の問いに答えなさい。

(1) 下の図で、△ABC∽△DEFであるとき、xの値を求めなさい。　　　　　[2021栃木]

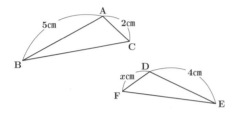

(2) 下の図で、△ABC∽△DEFで、その相似比は2：3である。△ABCの面積が8㎠であるとき、△DEFの面積を求めなさい。　　[2019栃木]

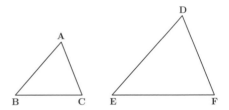

(3) 下の図のように、AB＝9cm、BC＝6cm、AB＝ACである二等辺三角形ABCがある。辺AB上にBE＝3cmとなる点Eをとる。また、辺BC上に∠BAC＝∠BDEとなる点Dをとる。このとき、線分BDの長さを求めなさい。　[2019滋賀]

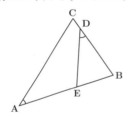

(4) 相似な2つの立体F、Gがある。FとGの相似比が3：5で、Fの体積が81π㎤であるとき、Gの体積を求めなさい。　　　　　　　　[2021佐賀]

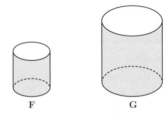

2 次の問いに答えなさい。

(1) 右の図のように、△ABCがある。直線AB、ACをAの方向に延長した直線上にそれぞれ点D、Eがあり、∠ABE＝∠ACDである。このとき、△ABE∽△ACDであることを証明しなさい。　　　[2018秋田]

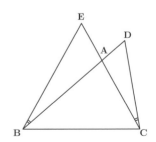

(2) 右の図のように、△ABCの辺AB上に、∠ABC＝∠ACDとなる点D
をとる。このとき、△ABC∽△ACDであることを証明しなさい。

[2021埼玉改]

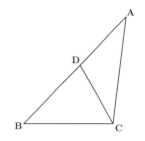

(3) 右の図において、△ABCは∠ABC＝90°の直角三角形である。四角
形DBCEは平行四辺形で、点Dは辺AC上にあり、点Fは頂点Cから辺
DEにひいた垂線と辺DEとの交点である。このとき、△ABC∽△CFD
であることを証明しなさい。

[2021大阪]

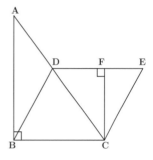

(4) 右の図において、△ABCはAB＝AC＝6cm、BC＝4cmの二等辺三角形
で、△BDEは△ABCと合同である。また、点Cは線分BD上にあり、
点Fは線分ACと線分BEとの交点である。点Aと点Eを結び、線分AE
をEの方向に延長した直線上に、AE：AG＝5：9となる点Gをとり、
点Cと点Gを結ぶ。△AFE∽△ACGであることを証明しなさい。

[2020福井]

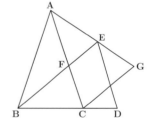

(5) 右の図のように、AB＝4cm、AD＝8cm、∠ABC＝60°の平行
四辺形ABCDがある。辺BC上に点Eを、BE＝4cmとなるよう
にとり、線分EC上に点Fを、∠EAF＝∠ADBとなるようにと
る。このとき、△AEF∽△DABであることを証明しなさい。

[2018愛媛]

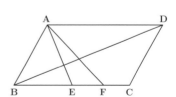

22

図形
平行線と線分の比

1 平行線と線分の比

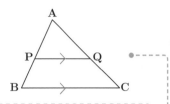

PQ//BCならば
① AP : AB = AQ : AC = PQ : BC
② AP : PB = AQ : QC

ℓ //m//nのとき
① $a : b = a' : b'$
② $a : a' = b : b'$

☆ 重要

左の図で、

AP:AB=AQ:AC
ならばPQ//BC

AP:PB=AQ:QC
ならばPQ//BC

も成り立つ。

2 中点連結定理

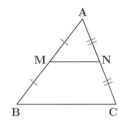

2辺AB、ACの中点をそれぞれM、Nとすると、
MN//BC
MN = $\frac{1}{2}$BC

3 角の二等分線と比

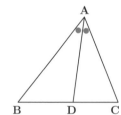

∠Aの二等分線と辺BCの交点をDとすると、
AB:AC
=BD:DC

📖 参考

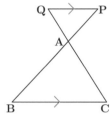

2点P、Qが辺BA、CAの延長上にあるときも
PQ//BCならば
AP:AB=AQ:AC
      =PQ:BC
は成り立つ。

4 相似の利用

相似の関係を使って、直接測ることが難しい距離や大きさなどを、**縮図**をかいて求めることができる。

例 池をはさんだ2つの地点A、Bの間の距離を求める。∠APB=108°となる地点Pから2点までの距離を測ると、PA=27m、PB=35mであった。

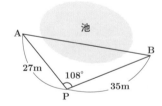

①まず、**1000分の1の縮図**をかく。
　P'A' = 2.7cm、P'B' = 3.5cm、
　∠A'P'B' = 108°である
　△A'P'B'をかく。
②A'B'の長さを測り、**1000倍する**。
　A'B'の長さは約5cmだから、
　AB = 5 × 1000 = 5000（cm）
　よって、約50m

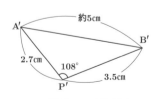

△APB∽△A'P'B'

☆ 重要

平行線と面積

AD//BC ならば
△ABC = △DBC
さらに、
△ABO =
　　△ABC − △OBC
△DCO =
　　△DBC − △OBC
より、
△ABO = △DCO

⚠ 注意

縮図をかくときは、あとの計算がしやすい縮尺でかく。

● 平行線が出てきたら線分の長さの比に注目しよう。わかった線分の長さを
どんどん図に書き込んでいこう。

Chapter 22

平行線と線分の比

例題 1

次の図で、xの値を求めなさい。

(1)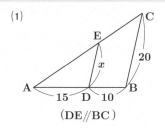
（DE∥BC）

(2)
（∠BAD＝∠CAD）

答え (1)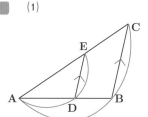

DE∥BC ならば

$AD : AB = DE : BC$

$15 : (15 + 10) = x : 20$

$15 : 25 = x : 20$

$25x = 15 \times 20$

$x = 12$

(2) 線分 AD は∠A の二等分線だから、

$AB : AC = BD : DC$

$27 : 18 = 15 : (x - 15)$

$27(x - 15) = 18 \times 15$

$27(x - 15) = 270$

$x - 15 = 10$

$x = 25$

例題 2

下の図で、AB∥EF∥CD であるとき、
CD の長さを求めなさい。

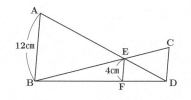

答え

△ABD で、AB∥EF より、$DF : DB = 4 : 12 = 1 : 3$

よって、$DF : FB = 1 : (3 - 1) = 1 : 2$

△CDB で、$BF : FD = 2 : 1$ だから、

$BF : BD = 2 : 3$

したがって、EF∥CD より、$EF : CD = 2 : 3$、$4 : CD = 2 : 3$

$2CD = 12$

$CD = 6 (cm)$

例題 3

右の図のように、ある木から 20 m 離れた地点 P から木の先端 A を
見上げると、水平方向に対して 43°の角度になった。木のおよそ
の高さを、縮図をかいて求めなさい。ただし、目の高さを 1.5 m
とする。

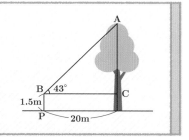

答え

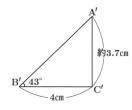

まず、500 分の 1 の縮図をかく。$B'C' = 4cm$、$∠A'B'C' = 43°$、

$∠A'C'B' = 90°$である△A'B'C' をかき、A'C' の長さを測ると、

約 3.7cm である。

よって、$AC = 3.7 \times 500 = 1850 (cm)$　　$1850cm = 18.5m$

木の高さは、$1.5 + 18.5 = 20 (m)$　　約 20m

確 認 問 題

日付	/	/	/
○△×			

1 次の問いに答えなさい。

(1) 下の図で、点D、Eはそれぞれ△ABCの辺AB、AC上の点で、DE∥BCである。AD＝2cm、BC＝10cm、DE＝4cmであるとき、線分DBの長さを求めなさい。　　　　　　　　　　[2018愛知]

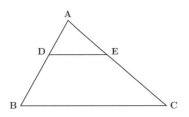

(2) 下の図のような5本の直線がある。直線ℓ、m、nがℓ∥m、m∥nであるとき、xの値を求めなさい。　　　　　　　　[2019北海道]

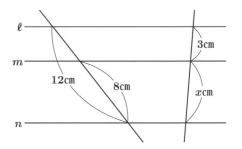

(3) 下の図のように、AB＝6cm、BC＝9cm、CA＝8cmの△ABCがある。∠Aの二等分線が辺BCと交わる点をDとするとき、線分BDの長さを求めなさい。　　　　　　　[2018長崎]

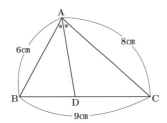

(4) 下の図で、四角形ABCDはAD∥BCの台形で、点E、Fはそれぞれ辺AB、CDの中点である。AD＝3cm、BC＝11cmであるとき、線分EFの長さを求めなさい。　　　　[2018秋田]

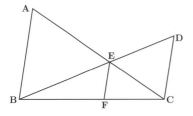

(5) 下の図で、△ABCの辺ABと△DBCの辺DCは平行である。また、点Eは辺ACとDBの交点で、点Fは辺BC上の点で、AB∥EFである。AB＝6cm、DC＝4cmであるとき、線分EFの長さを求めなさい。　　　　　　　[2019愛知]

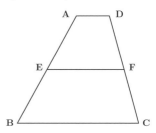

(6) 下の図のような平行四辺形ABCDがある。点Eは辺CD上にあり、CE：ED＝1：2である。線分AEと線分BDの交点をFとする。このとき、△DFEの面積は平行四辺形ABCDの面積の何倍か求めなさい。　　　　　　　　　[2020秋田]

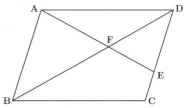

2️⃣ **右の図の△ABCにおいて、AB = 9cm、BC = 7cmである。** ∠ABCの二等分線と∠ACBの二等分線との交点をDとする。また、点Dを通り、辺BCに平行な直線と2辺AB、ACとの交点をそれぞれE、Fとすると、BE = 3cmであった。このとき、次の問いに答えなさい。 ［2022京都］

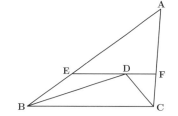

(1) 線分EFの長さを求めなさい。

(2) 線分AFの長さを求めなさい。

3️⃣ **右の図の△ABCにおいて、点Dは∠ABCの二等分線と辺ACとの交点である。** また、点Eは線分BDの延長線上の点でCD = CEである。また、△ABD∽△CBEで、AB = 4cm、BC = 5cm、CA = 6cmである。このとき、次の問いに答えなさい。 ［2022岐阜］

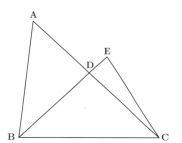

(1) CEの長さを求めなさい。

(2) △ABDの面積は、△CDEの面積の何倍か求めなさい。

4️⃣ **次の文は、AさんとBさんの会話である。**

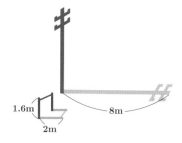

Aさん	「あの電柱の高さは、直角三角形の相似の考え方を使って求められそうだね。」
Bさん	「影の長さを比較して求める方法だね。」
Aさん	「電柱と比較するのに、校庭の鉄棒が利用できそうだね。」

AさんとBさんが、鉄棒の高さと影の長さ、電柱の影の長さを測ったところ、鉄棒の高さは1.6m、鉄棒の影の長さは2m、電柱の影の長さは8mであった。このとき、電柱の高さを求めなさい。ただし、影の長さは同時刻に測ったものとし、電柱と鉄棒の幅や厚みは考えないものとする。また、電柱と鉄棒は地面に対して垂直に立ち、地面は平面であるものとする。 ［2020埼玉］

図形
円の性質

1 円周角の定理

❶ 円周角

円Oで、$\overset{\frown}{AB}$を除く円周上の点をPとするとき、
∠APBを$\overset{\frown}{AB}$に対する円周角という。

💡 **絶対おさえる！ 円周角の定理**

☑ **円周角の定理**

1つの弧に対する円周角の大きさは一定で、その弧に
対する中心角の半分である。

$$\angle APB = \frac{1}{2}\angle AOB$$

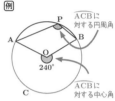

📖 参考

中心角が180°より大きいとき
も、円周角の定理は成立す
る。
例

❷ 直径と円周角

半円の弧に対する円周角は**90°**である。

$\overset{\frown}{ACB}$に
対する円周角

$\overset{\frown}{ACB}$に
対する中心角

$$\angle APB = \frac{1}{2} \times 240°$$
$$= 120°$$

❸ 弧と円周角

1つの円で、①長さの等しい弧に対する円周角は等しい。
②等しい円周角に対する弧の長さは等しい。

📖 参考

円に内接する四角形の性質
①向かい合う内角の和は
180°。
②1つの内角は、それに向か
い合う内角のとなりにあ
る外角に等しい。

❹ 円周角の定理の逆

4点A、B、P、Qについて、P、Qが直線ABに対して
同じ側にあり、∠APB＝∠AQBならば、この4点は
1つの円周上にある。

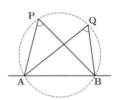

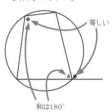

等しい

和は180°

---

2 円周角の定理の利用

❶ 円外の点からひいた円の接線の作図

▶ **作図の手順**

1 線分**AO**を直径とする円**O'**をかき、
円**O**との交点を**P**、**P'**とする。

2 直線**AP**、**AP'**をひく。
  └ 円O'について円周角の定理から∠APO＝∠AP'O＝90°より、
　　直線AP、AP'は求める接線になる

円外の1点からひいた**2つの接線の長さは等しい**。

上の図で、 AP＝AP'

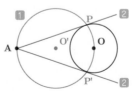

📖 参考

接線と弦のつくる角の性質
円の接線とその接点を通る
弦のつくる角は、その角の内
部にある弧に対する円周角
に等しい。

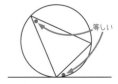

等しい

● 円を含む図形は、等しい角度に注目しよう。相似な図形が出現することが多いよ。線分の長さが等しくなるパターンも覚えておこう。

例題 1

次の図で、∠xの大きさを求めなさい。

(1)

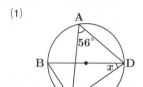

（BDは直径）

(2)

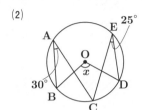

答え　(1)

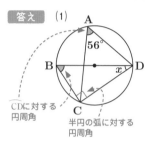

CDに対する円周角

半円の弧に対する円周角

△BCDで
∠CBD = ∠CAD = 56°
∠BCD = 90°
よって、
∠x = 180° − (56° + 90°)
　　 = 34°

(2)

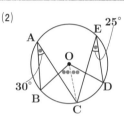

OとCを結ぶ。
∠BOC = 2∠BAC = 60°
∠COD = 2∠CED = 50°
∠x = ∠BOC + ∠COD
　　 = 60° + 50°
　　 = 110°

例題 2

次の図で、直線AB、BC、CAは円Oの接線で、点D、E、Fは接点である。線分BCの長さを求めなさい。

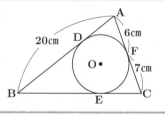

答え

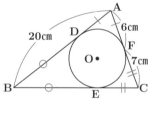

円外の1点からひいた接線の長さは等しい

AD = AF = 6cm
CE = CF = 7cm
BD = BE
図より、
BD = AB − AD
　　 = 20 − 6 = 14 (cm)
よって、
BC = BE + CE
　　 = 14 + 7 = 21 (cm)

例題 3

次の図で、弦ABと弦CDの交点をPとする。
PA = 9cm、PB = 20cm、PC = 15cmのとき、PDの長さを求めなさい。

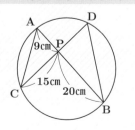

答え

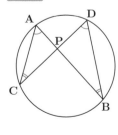

△ACPと△DBPにおいて、
⌢CBに対する円周角より、
∠CAP = ∠BDP…①
⌢ADに対する円周角より、
∠ACP = ∠DBP…②
①、②より、2組の角がそれぞれ等しいから、
△ACP∽△DBP

円周角の定理を利用して相似であることを示す

よって、PA : PD = PC : PB
　　　9 : PD = 15 : 20
　　　　　　PD = 12 (cm)

対応する辺の長さの比は等しい

解答解説 ▷ 別冊P022

確認問題

日付	／	／	／
○△×			

1 次の問いに答えなさい。

(1) 右の図で、4点A、B、C、Dは円Oの周上にある。このとき、∠xの大きさを
求めなさい。 [2022京都]

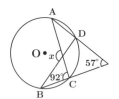

(2) 右の図のように、円Oの周上に5点A、B、C、D、Eがあり、線分AD、CEは
ともに円Oの中心を通っている。∠CED＝35°のとき、∠xの大きさを求めな
さい。 [2022和歌山]

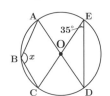

(3) 右の図で、A、B、Cは円Oの周上にある。円Oの半径が6cm、∠BAC＝30°のと
き、線分BCの長さを求めなさい。 [2021愛知]

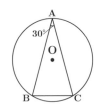

2 次の問いに答えなさい。

(1) 右の図で、A、B、C、Dは円周上の点で、線分ACは∠BADの二等分線である。
また、Eは線分ACとBDとの交点である。∠DEC＝86°、∠BCE＝21°のとき、
∠ABEの大きさを求めなさい。 [2022愛知]

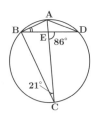

(2) 右の図1のように、円Oの周上に4点A、B、C、Dがある。円Oの直径ACと、
線分BDとの交点をEとする。ただし、弧CDの長さは、弧ADの長さより長い
ものとする。次の①、②の問題に答えなさい。 [2021和歌山]

① DB＝DC、∠BDC＝70°のとき、∠CADの大きさを求めなさい。

図1

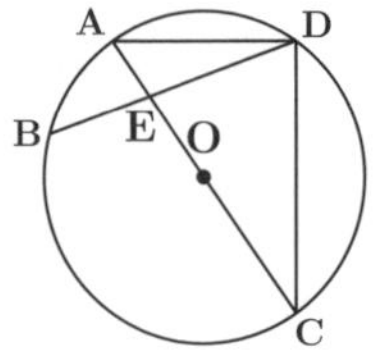

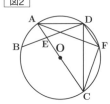

② 右の図2のように、AC∥DFとなるように円Oの周上に点Fをとる。この
とき、AF＝CDを証明しなさい。

図2

3 右の図において、3点 A、B、C は円 O の円周上の点である。∠ABC の二等分線と円 O との交点を D とし、BD と AC との交点を E とする。弧 AB 上に AD = AF となる点 F をとり、FD と AB との交点を G とする。このとき、次の(1)、(2)の問いに答えなさい。 [2022静岡]

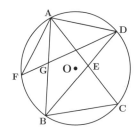

(1) △AGD ∽ △ECB であることを証明しなさい。

(2) $\overset{\frown}{AF} : \overset{\frown}{FB} = 5 : 3$、∠BEC = 76° のとき、∠BAC の大きさを求めなさい。

4 右の図1で、四角形 ABCD は、AB > AD の長方形であり、点 O は線分 AC を直径とする円の中心である。点 P は、頂点 A を含まない弧 CD 上にある点で、頂点 C、頂点 D のいずれにも一致することはない。また、頂点 A と点 P、頂点 B と点 P をそれぞれ結ぶ。このとき、次の問いに答えなさい。 [2021東京]

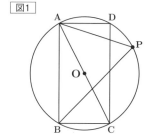

図1

(1) 図1において、∠ABP = a° とするとき、∠PAC の大きさを表す式を次のア～エのうちから選びなさい。

ア $\left(45 - \dfrac{1}{2}a\right)$ 度　　　　イ $(90 - a)$ 度

ウ $\left(90 - \dfrac{1}{2}a\right)$ 度　　　　エ $(135 - 2a)$ 度

(2) 右の図2は、図1において、辺 CD と線分 AP との交点を Q、辺 CD と線分 BP との交点を R とし、AB = AP の場合を表している。△QRP は二等辺三角形であることを証明しなさい。

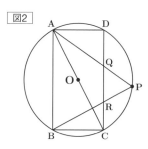

図2

24 図形 三平方の定理

1 三平方の定理

① 三平方の定理

直角三角形の直角をはさむ2辺の長さを a、b、

斜辺の長さを c とすると、$a^2 + b^2 = c^2$ が成り立つ。

② 特別な直角三角形の３辺の比

💡 絶対おさえる！　特別な直角三角形の３辺の比

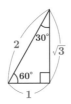

> ☆ 重要
>
> 三平方の定理の逆
> 三角形の3辺の長さ a、b、c の間に、$a^2+b^2=c^2$ の関係が成り立てば、その三角形は、長さ c の辺を斜辺とする直角三角形である。

> 📖 参考
>
> 入試でよく使う辺の比については、三角定規の形がそのまま出題されることはほとんどなく、自分で補助線をひくことで三角定規の形をつくることが多い。

2 平面図形への利用

・長方形の対角線の長さ　　・正方形の対角線の長さ　　・正三角形の高さ

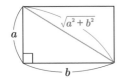

・2点間の距離　　　　　　・弦の長さ　　　　　　　・接線の長さ

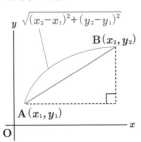
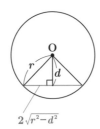

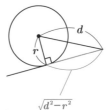

> 📖 参考
>
> 左の図の整数の組を覚えておくと、解く時間を短縮することができる。

💡 絶対おさえる！　よく使われる3辺の比

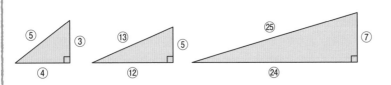

三角定規の辺の比「1：1：√2」「1：2：√3」以外に3辺がすべて整数比となる直角三角形の比も覚えておくとよい。

● 特別な直角三角形の辺の比に注目しよう。直角がない三角形も、垂線を引くことで、三平方の定理が使えることが多いよ。

例題 1

次の図で、x の値を求めなさい。

(1)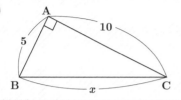

(2)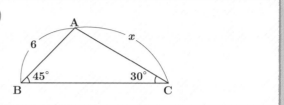

答え

(1) 斜辺は辺 BC である。◀-- まず、どの辺が斜辺なのか確認する

三平方の定理より、

$$5^2 + 10^2 = x^2$$
$$x^2 = 125$$

$x > 0$ より、

$$x = 5\sqrt{5}$$

(2)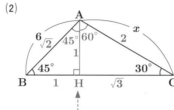

垂線 AH をひいて直角三角形をつくる

△ABH で、

$AH : AB = 1 : \sqrt{2}$ より、

$AH = 3\sqrt{2}$

△ACH で、

$AH : AC = 1 : 2$ より、

$AC = 6\sqrt{2}$

よって、$x = 6\sqrt{2}$

例題 2

右の図は、1辺の長さが4の正方形 ABCD を、頂点 A が BC の中点 F と重なるように折り返したものである。このとき、線分 AE の長さを求めなさい。

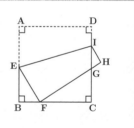

答え

AE = x とすると、右の図のようになる。

△EBF に着目して、三平方の定理を用いると、

$$x^2 = 2^2 + (4 - x)^2$$
$$x^2 = 4 + 16 - 8x + x^2$$
$$8x = 20$$
$$x = \frac{5}{2}$$

よって、AE の長さは、$\dfrac{5}{2}$

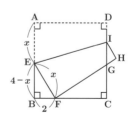

確 認 問 題

日付	／	／	／
○△×			

1 次の問いに答えなさい。

(1) 右の図のように、長方形OABCがあり、OA＝4cm、OC＝$4\sqrt{2}$ cmとする。対角線 ACの長さを求めなさい。　　　　　　　　　　　　　　　　　[2022北海道]

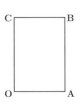

(2) 1辺が6cmの正方形ABCDの辺BC上に点Pがある。右の図のように、∠APB＝60° のとき、△ABPの面積を求めなさい。　　　　　　　　　　　[2022和歌山]

2 右の図のように、長さ8cmの線分ABを直径とする円Oの周上に、点CをAC ＝6cmとなるようにとる。次に、点Cを含まない弧AB上に、点DをAC／／ DOとなるようにとり、線分ABと線分CDの交点をEとする。このとき、次 の問いに答えなさい。　　　　　　　　　　　　　　　　　　[2022兵庫]

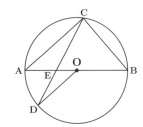

(1) △ACE∽△ODEを次のように証明した。　　i　　、　　ii　　にあてはま るものを、あとのア〜カからそれぞれ1つ選び、この証明を完成させなさ い。

<証明>
△ACEと△ODEにおいて、
対頂角は等しいから、∠AEC＝∠　　i　　 …①
仮定から、AC／／DO …②
平行線の　　ii　　は等しいから、②より、∠ACE＝∠ODE…③
①、③より、2組の角がそれぞれ等しいから、
△ACE∽△ODE

ア　DOE　　イ　OEC　　ウ　OED　　エ　同位角　　オ　錯角　　カ　円周角

(2) 線分BCの長さは何cmか、求めなさい。

(3) △ACEの面積は何cm²か、求めなさい。

(4) 線分DEの長さは何cmか、求めなさい。

3 右の図1のように、AB = 5cm、AD = 10cm、∠BADが
鈍角の平行四辺形ABCDがある。点Cから辺ADにひい
た垂線が辺ADと交わる点をEとし、DE = 3cmである。
このとき、次の問いに答えなさい。　　　　　[2022鳥取]

(1)　△ACEの面積を求めなさい。

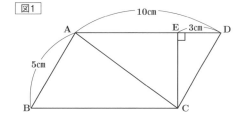

図1

(2)　右の図2のように、∠ADCの二等分線が辺BC、線分AC
と交わる点をそれぞれF、Gとする。また、線分ACと線
分BEの交点をHとする。このとき、あとの①〜③に答
えなさい。

　　①　AH：HCをもっとも簡単な整数の比で答えなさい。

　　②　△CGFの面積を求めなさい。

　　③　AH：HG：GCをもっとも簡単な整数の比で答えなさい。

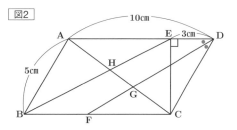

図2

4 右の図のように、AB = 4cm、AB＜ADである長方形ABCDを、対角線
BDを折り目として折り返したとき、頂点Cが移る点をP、辺ADと線分
BPとの交点をQとする。このとき、次の問いに答えなさい。

　　　　　　　　　　　　　　　　　　　　　　　　　　　[2022徳島]

(1)　△ABQ ≡ △PDQを証明しなさい。

(2)　対角線BDの中点をR、線分ARと線分BPとの交点をSとする。AD = 12
cmのとき、四角形RDPSの面積は△BRSの面積の何倍か、求めなさい。

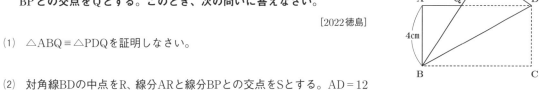

Chapter 25

図形

三平方の定理の利用

1 三平方の定理の利用

① **直方体の対角線の長さ**…$\ell = \sqrt{a^2 + b^2 + c^2}$

② **正四角錐の高さ**…$h = \sqrt{b^2 - a^2}$

※aは、底面の正方形の対角線の長さ×$\dfrac{1}{2}$

③ **円錐の高さ**…$h = \sqrt{\ell^2 - r^2}$

参考

直方体の対角線の長さや、正四角すい、円すいの高さは覚えておくと解く時間が少なく、ミスも減らせて便利。

①
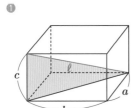

②
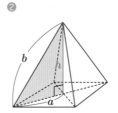

③
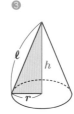

例題 1

次の長さをそれぞれ求めなさい。

(1) 縦5cm、横3cm、高さ2cmの直方体の対角線の長さ

(2) 底面が1辺2cmの正方形で、4つの側面がすべて2辺の長さが4cmの二等辺三角形である四角錐の高さ

答え

(1) 縦a、横b、高さcの直方体の対角線の長さℓは、

$\ell = \sqrt{a^2 + b^2 + c^2}$で求められる。

$\sqrt{5^2 + 3^2 + 2^2} = \sqrt{25 + 9 + 4} = \sqrt{38}$

対角線の長さは$\sqrt{38}$cm

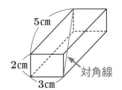

(2) 右の図の四角錐O－ABCDで、△ABCは直角二等辺三角形だから、

$AC = 2\sqrt{2}$（cm）

よって、$AP = \dfrac{1}{2}AC = \dfrac{1}{2} \times 2\sqrt{2} = \sqrt{2}$（cm）

したがって、四角錐O－ABCDの高さOPは、

$\sqrt{4^2 - (\sqrt{2})^2} = \sqrt{16 - 2}$
$= \sqrt{14}$

したがって、四角錐の高さは、$\sqrt{14}$cm

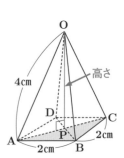

● 空間図形の高さは、「断面図」を考えることで求められることが多いよ。図形ごとに、どの断面に注目するかパターンをおさえておこう。

例題 2

右の図は、底面が1辺4cmの正方形、他の辺が6cmの正四角錐である。

(1) 体積を求めなさい。　　(2) 表面積を求めなさい。

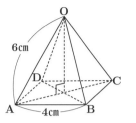

答え

(1)

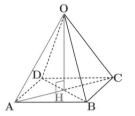

①ACの長さを求める。

$AC = \sqrt{2}\ AB = 4\sqrt{2}$ (cm)

②AHの長さを求める。

$AH = \dfrac{1}{2} AC = 2\sqrt{2}$ (cm)

③OHの長さを求める。

△OAHで、$OH^2 = OA^2 - AH^2$ より、

$OH = 2\sqrt{7}$ (cm)

④体積を求める。

$\dfrac{1}{3} \times 4^2 \times 2\sqrt{7} = \dfrac{32\sqrt{7}}{3}$ (cm³)

(2)

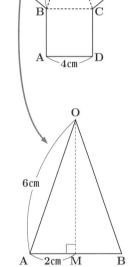

①側面の△OABの面積を求める。

△OAMで、

$OM^2 = OA^2 - AM^2$ より、

$OM = 4\sqrt{2}$ (cm)

よって、面積は、

$\dfrac{1}{2} \times AB \times OM$

$= \dfrac{1}{2} \times 4 \times 4\sqrt{2}$

$= 8\sqrt{2}$ (cm²)

②表面積を求める。

$\underset{\text{底面積}}{4^2} + \underset{\text{側面積}}{8\sqrt{2} \times 4}$

$= 16 + 32\sqrt{2}$ (cm²)

例題 3

右の図のような、△OABが正三角形となる円錐がある。この円錐の体積を求めなさい。

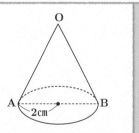

答え　底面の円の直径は、$2 \times 2 = 4$ (cm)

△OABが正三角形だから、$OA = AB = 4$cm

円錐の高さは、△OABの高さと等しい。

右の図で、△OAPは、$OA : AP = 2 : 1$、$\angle OPA = 90°$ なので、

$AP : OP = 1 : \sqrt{3}$ となる。

よって、$AP = 2$　$OP = \sqrt{3} \times 2 = 2\sqrt{3}$ (cm)

したがって、円錐の体積は、$\dfrac{1}{3} \times \pi \times 2^2 \times 2\sqrt{3} = \dfrac{8\sqrt{3}}{3}\pi$ (cm³)

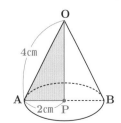

確認問題

日付	／	／	／
○△×			

1 次の問いに答えなさい。

(1) 右の図は、正四角錐の投影図である。立面図が正三角形、平面図が1辺の長さが6cmの正方形であるとき、この正四角錐の体積を求めなさい。　　[2022岐阜]

(2) 右の図で、立方体ABCD－EFGHの体積は、1000cm³である。三角錐H－DEGにおいて、△DEGを底面としたときの高さを求めなさい。　　[2021秋田]

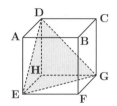

(3) 右の図は、1辺が5cmの立方体である。2点G、Hを結んでできる直線GHと、点Aとの距離を求めなさい。　　[2021和歌山]

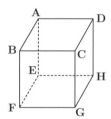

(4) 右の図は、1辺が6cmの立方体である。辺FGの中点をPとするとき、次の①、②の問題に答えなさい。　　[2021青森]

①　辺EF上にQF＝4cmとなる点Qをとるとき、三角錐BQFPの体積を求めなさい。

②　辺AEの中点をRとするとき、点Rから辺EFを通って点Pまで糸をかける。この糸の長さが最も短くなるときの、糸の長さを求めなさい。

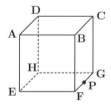

2 右の図で、立体ABCDEは、辺の長さがすべて等しい正四角錐で、AB＝4cmである。Fは辺BCの中点であり、G、Hはそれぞれ辺AC、AD上を動く点である。3つの線分EH、HG、GFの長さの和が最も小さくなるとき、次の問いに答えなさい。　　[2022愛知]

(1) 線分AGの長さは何cmか、求めなさい。

(2) 3つの線分EH、HG、GFの長さの和は何cmか、求めなさい。

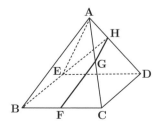

3 涼さんと純さんは、食パンとロールパンを作る。二人は、図1のような食パン1斤を焼き上げたあと、食パンを2つに切って2人で分けた。図2は、純さんの食パンを表し、図3は、図2の食パンの大きさを表している。ただし、食パン1斤を直方体

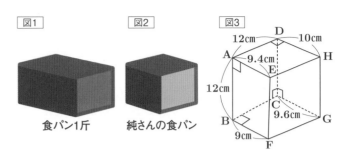

図1 食パン1斤

図2 純さんの食パン

図3

とみて、頂点E、F、G、Hが同じ平面上にあるとする。純さんは、図3の四角形EFGHが平行四辺形であることに気づいた。このときの、対角線FHの長さを求めなさい。 [2022滋賀]

4 右の図のように、三角柱ABC−DEFがあり、AB＝8cm、BC＝4cm、AC＝AD、∠ABC＝90°である。このとき、次の問いに答えなさい。 [2022京都]

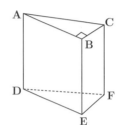

(1) 次の文は、点Bと平面ADFCとの距離について述べたものである。次の文中の□□□にあてはまるものを、あとのア～オから1つ選びなさい。

□□□をGとするとき、線分BGの長さが、点Bと平面ADFCとの距離である。

ア　辺ACの中点

イ　辺CFの中点

ウ　線分AFと線分CDとの交点

エ　∠CBEの二等分線と辺CFとの交点

オ　点Bから辺ACにひいた垂線と辺ACとの交点

(2) 2点H、Iをそれぞれ辺AC、DF上にCH＝DI＝$\frac{9}{2}$cmとなるようにとるとき、四角錐BCHDIの体積を求めなさい。

5 右の図は、正四角錐と立方体を合わせた立体で、頂点をそれぞれ、点P、A、B、C、D、E、F、G、Hとする。PA＝AB＝2cmのとき、この立体の体積を求めなさい。 [2020埼玉]

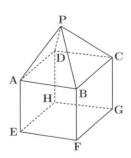

26

図形
図形融合問題

例題 1

右の図で、△ABCの頂点A、B、Cは円O上の点である。AC = 15、AB = 13、BC = 14、頂点Aを通る辺BCの垂線AH = 12であるとき、円Oの半径を求めなさい。

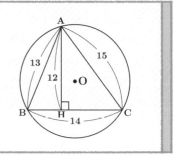

答え

▶融合問題の考え方

円があり、そのなかに三角形や90°の角があることから、三角形の相似、円周角、三平方の定理の融合問題である。図形の特徴を見て、使用する定理などを推察する。

ここではまず、求める円Oの半径をrとする。

点Aを通る直径ADをひくと、右の図のようになる。

円周角の定理より、∠ACDは、半円を弧にする円周角なので、

∠ACD = 90°

ここで、**直径ADを1辺にもつ三角形と相似な三角形を探す**。

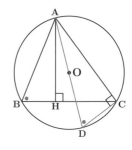

△ABHと△ADCで、

∠AHB = ∠ACD = 90° …①

> ∠ACD = 90°であることは、ADが円Oの直径であることからわかる

$\overarc{AC}$に対する円周角なので、∠ABH = ∠ADC …②

> ∠ABC = ∠ADCであり、∠ABHと∠ABCは同じ角を表しているので、∠ABH = ∠ADCといえる

①、②より、2組の角がそれぞれ等しいので、

△ABH ∽ △ADC

よって、AB : AD = AH : AC

> 相似な図形は辺の比が等しいことを利用する

$$13 : 2r = 12 : 15$$
$$24r = 195$$
$$r = \frac{65}{8}$$

したがって、円Oの半径は、$\dfrac{65}{8}$

● 円が出てきたら「中心」と「直径」に注目しよう。直径を弦とする三角形は直角三角形になるから、三平方の定理が使えるよ。

例題 2

右の図のように、縦の長さが6、横の長さが9の長方形ABCDに接し、たがいに外接している2つの円O、O′がある。このとき、円O′の半径を求めなさい。

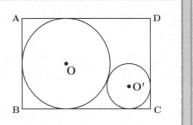

答え

▶2円が出てきたときの考え方

1 円の中心どうしを結ぶ線をひく。

2 接点や接線があるときは、円の中心と接点を結び90°をつくる。

3 円の中心どうしを結ぶ線分の長さを求める問題は、その線分を斜辺とする直角三角形をつくる。

4 長さが等しい弧に対する円周角や中心角を探す。

円Oの直径は、長方形ABCDの縦の長さと等しい。

よって、円Oの半径は、$\frac{1}{2} \times 6 = 3$

ここで、円O′の半径を r とし、点Oと点O′を結ぶ線や、それぞれの円の中心と長方形との接点を結ぶ直線をひき、OO′ を斜辺とする直角三角形OO′Pをつくる。

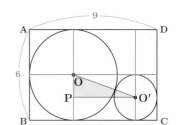

ここで、OO′ $= 3 + r$ 　(円Oの半径)+(円O′の半径)

$\qquad$ O′P $= 6 - r$ 　$9-(3+r)=6-r$

$\qquad$ OP $= 3 - r$

△OO′Pで、三平方の定理より、

$\qquad (3+r)^2 = (6-r)^2 + (3-r)^2$ 　$\begin{array}{l}(x+a)^2 = x^2+2ax+a^2 \\ (x-a)^2 = x^2-2ax+a^2\end{array}$

$\quad 9 + 6r + r^2 = 36 - 12r + r^2 + 9 - 6r + r^2$

$r^2 - 24r + 36 = 0$

$\qquad r = \dfrac{-(-24) \pm \sqrt{(-24)^2 - 4 \times 1 \times 36}}{2}$ 　$\begin{array}{l}ax^2+bc+c=0 \text{の解は、}\\ x = \frac{-b \pm \sqrt{b^2-4ac}}{2a}\end{array}$

$\qquad = 12 \pm 6\sqrt{3}$

$0 < r < 3$ より、$r = 12 - 6\sqrt{3}$

確認問題

日付	／	／	／
○△×			

1 AB = 10cm、AB＜ADの長方形ABCDを、右の図1のように、折り目が点Cを通り、点Bが辺AD上にくるように折り返す。点Bが移った点をEとし、折り目を線分CFとすると、AF = 4cmであった。このとき、次の問いに答えなさい。　[2021愛媛]

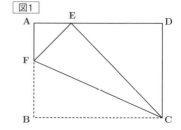

図1

(1)　△AEF∽△DCEであることを証明しなさい。

(2)　線分AEの長さを求めなさい。

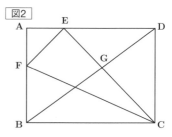

図2

(3)　右の図2のように、折り返した部分をもとにもどし、線分CEと線分BDとの交点をGとする。このとき、四角形BGEFの面積を求めなさい。

2 右の図1のように、点Oを中心とする円Oの円周上に2点A、Bをとり、A、Bを通る円Oの接線をそれぞれℓ、mとする。直線ℓとmとが、点Pで交わるとき、次の問いに答えなさい。[2022埼玉]

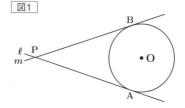

図1

(1)　PA＝PBであることを証明しなさい。

(2)　右の図2のように、直線ℓ、mに接し、円Oに点Qで接する円の中心をRとする。また、点Qを通る円Oと円Rの共通の接線をnとし、ℓとnとの交点をCとする。円Oの半径が5cm、円Rの半径が3cmであるとき、線分PCの長さを求めなさい。

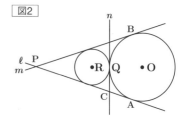

図2

3 右の図のような、線分ABを直径とする半円Oがある。弧AB上に点Cをとり、直線AC上に点Dを、∠ABD = 90°となるようにとる。このとき、次の問いに答えなさい。　[2022愛媛]

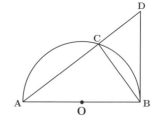

(1)　△ABC∽△BDCであることを証明しなさい。

(2)　AC＝3cm、CD＝1cmであるとき、次の①、②の問題に答えなさい。
　　① 線分BCの長さを求めなさい。
　　② 線分BDと線分CDと弧BCで囲まれた部分の面積を求めなさい。

4 **右の図において、四角形ABCDは長方形であり、AB＝6cm、AD**
　＝12cmである。Eは、辺BC上にあってB、Cと異なる点であり、
　BE＜ECである。また、AとE、DとEとをそれぞれ結ぶ。四角形
　FGDHは1辺の長さが5cmの正方形であって、Gは線分ED上にあ
　り、F、Hは直線ADについてGと反対側にある。Iは、辺FGと辺
　ADとの交点である。さらに、HとIを結ぶ。次の問いに答えなさ
　い。 　　　　　　　　　　　　　　　　　　　　　　　　　　[2022大阪]

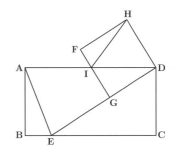

(1)　△ABEの内角∠BEAの大きさをa°とするとき、△ABEの内角
　　∠BAEの大きさをaを用いて表しなさい。

(2)　正方形FGDHの対角線FDの長さを求めなさい。

(3)　次は、△DEC∽△IDGであることの証明である。 | a | 、 | b | に入れるのに適している「角を表す文字」
　　をそれぞれ書きなさい。また、c [　　] から適しているものを1つ選びなさい。

<証明>
△DECと△IDGにおいて、
四角形ABCDは長方形だから、∠DCE＝90° …①
四角形FGDHは正方形だから、∠ | a | ＝90° …②
①、②より、∠DCE＝∠ | a | …③
AD∥BCであり、平行線の錯角は等しいので、∠DEC＝∠ | b | …④
③、④より

c
ア　1組の辺とその両端の角
イ　2組の辺の比とその間の角
ウ　2組の角

がそれぞれ等しいので、
△DEC∽△IDG

(4)　EC＝10cmであるときの線分HIの長さを求めなさい。

27

確率、統計

データの分析と活用

1 データの分析と活用

❶ 度数分布表

垂直とびの記録				
階級（cm）	度数（人）	相対度数	累積度数（人）	累積相対度数
20 以上 ～ 30 未満	1	0.05	1	0.05
30 ～ 40	4	0.20	5	0.25
40 ～ 50	8	0.40	13	0.65
50 ～ 60	6	0.30	19	0.95
60 ～ 70	1	0.05	20	1.00
計	20	1.00		

❷ ヒストグラム
度数折れ線

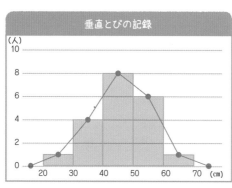

☆ 重要

階級→データを整理するための区間。
階級の幅→区間の幅。
度数→各階級に入るデータの個数。
範囲＝最大値ー最小値
（レンジ）
階級値→それぞれの階級のまん中の値。
最頻値(モード)
　→データの中で、最も個数の多い値。

度数分布表では、度数の最も多い階級の階級値を最頻値とする。

中央値(メジアン)
　→データの値を大きさの順に並べたときの中央の値。

データの総数が偶数個の場合は、中央にある2つの値の平均値を中央値とする。

💡 絶対おさえる！　相対度数と平均値

☑ 相対度数＝$\dfrac{\text{階級の度数}}{\text{度数の合計}}$

☑ 平均値＝$\dfrac{\text{個々のデータの値の合計}}{\text{データの総数}}$

度数分布表からの平均値の求め方

平均値＝$\dfrac{（\text{階級値×度数}）\text{の合計}}{\text{度数の合計}}$

❸ 累積度数

各階級について、最初の階級からその階級までの**度数**を合計したもの。

❹ 累積相対度数

各階級について、最初の階級からその階級までの**相対度数**を合計したもの。

☆ 重要　累積相対度数

相対度数の合計は1になるから、累積相対度数の最後の階級でも1になる。

合格への
ヒント

● 用語を完璧に覚えよう。図を用いて、用語の意味を確認したり、実際に計算
したりすることで理解が深まるよ。

例題 1

右の度数分布表について、次の問いに答えなさい。

(1) 最頻値を求めなさい。

(2) 平均値を求めなさい。

(3) 2km以上3km未満の階級の相対度数を求めなさい。

通学距離

階級（km）	度数（人）
0 以上 ～ 1 未満	5
1 　～ 2	6
2 　～ 3	8
3 　～ 4	1
計	20

答え

(1) 最も度数の多い階級は 2km以上3km未満の階級だから、

$(2 + 3) \div 2 = 2.5$(km)

階級値で答える

(2) $(0.5 \times 5 + 1.5 \times 6 + 2.5 \times 8 + 3.5 \times 1) \div 20 = 1.75$(km)

（階級値×度数）の合計

(3) $8 \div 20 = 0.4$

相対度数 = $\dfrac{階級の度数}{度数の合計}$

例題 2

右の表はある学校の生徒
20人の通学時間を調べて、
度数分布表にまとめたも
のである。表の(ア)、(イ)にあ
てはまる数を求めなさい。

通学時間

階級（分）	度数（人）	相対度数	累積度数（人）	累積相対度数
0 以上 ～ 10 未満	2	0.10	2	0.10
10 　～ 20	10	0.50	12	0.60
20 　～ 30	7	0.35	(ア)	(イ)
30 　～ 40	1	0.05	20	1.00
計	20	1.00		

答え

(ア)　累積度数は、最初の階級からその階級までの度数の合計である。

よって、0分以上10分未満の階級から、20分以上30分未満の階級までの度数の合計なので、

$2 + 10 + 7 = 19$　よって、(ア)にあてはまる数は、19

(イ)　累積相対度数は、最初の階級からその階級までの相対度数の合計である。

よって、0分以上10分未満の階級から、20分以上30分未満の階級までの相対度数の合計なので、0.10
+ 0.50 + 0.35 = 0.95　よって、(イ)にあてはまる数は、0.95

確認問題

日付	／	／	／
○△×			

1 次の問いに答えなさい。

(1) 右の表1は、A中学校におけるハンド
　ボール投げの記録を度数分布表に整
　理したものである。表1をもとに、表
　2のB中学校の度数分布表を推定する。
　A中学校とB中学校の10m以上20m未
　満の階級の相対度数が等しいとした
　とき、表2の㋐にあてはまる度数を求
　めなさい。　　　　　　　　[2022滋賀]

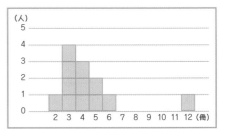

表1

A中学校	
階級（m）	度数（人）
0以上 ～ 10未満	44
10　　～ 20	66
20　　～ 30	75
30　　～ 40	35
合計	220

表2

B中学校	
階級（m）	度数（人）
0以上 ～ 10未満	
10　　～ 20	㋐
20　　～ 30	
30　　～ 40	
合計	60

(2) 右図はある中学校の図書委員12人それぞれが夏休みに読
　んだ本の冊数を、S先生が調べてグラフにまとめたもので
　ある。図書委員12人それぞれが夏休みに読んだ本の冊数
　の平均値をa冊、最頻値をb冊、中央値をc冊とする。次の
　ア～カの式のうち、三つの値a、b、cの大小関係を正しく
　表しているものはどれか、1つ選びなさい。　　[2022大阪]

　ア　$a<b<c$　　　　イ　$a<c<b$　　　　ウ　$b<a<c$

　エ　$b<c<a$　　　　オ　$c<a<b$　　　　カ　$c<b<a$

(3) 右の表は、あるクラスの生徒40人の休日の学習時間を度数分布表に表し
　たものである。このクラスの休日の学習時間の中央値（メジアン）が含
　まれる階級の相対度数を求めなさい。　　　　　　　　　　[2021埼玉]

学習時間（時間）	度数（人）
0以上 ～ 2 未満	2
2　　～ 4	4
4　　～ 6	12
6　　～ 8	14
8　　～ 10	8
合計	40

(4) 右の図は、あるサッカーチームが、最近の11試合であげた得
　点を、ヒストグラムに表したものである。このヒストグラム
　について述べた文として正しいものを、次のア～エから1つ
　選びなさい。　　　　　　　　　　　　　　　　　[2021岐阜]

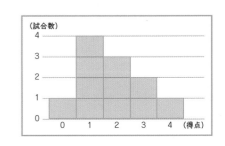

　ア　中央値と最頻値は等しい。

　イ　中央値は最頻値より小さい。

　ウ　中央値と平均値は等しい。

　エ　中央値は平均値より大きい。

2 右の図は、A中学校の3年生男子100
人とB中学校の3年生男子50人の、ハ
ンドボール投げの記録をそれぞれ、階
級の幅を5mとして整理した度数分布
表を、ヒストグラムに表したものであ
る。例えば、5m以上10m未満の階級
の度数は、A中学校は3人、B中学校
は1人である。次の問いに答えなさい。

[2022宮城]

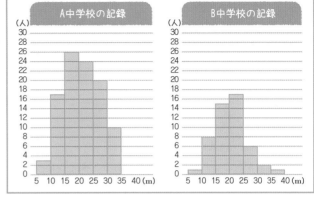

(1) A中学校のヒストグラムで、中央値
は、何m以上何m未満の階級に入っているか求めなさい。

(2) A中学校とB中学校の、ヒストグラムから必ず言えることを、次のア～オからすべて選びなさい。

ア 記録の中央値が入っている階級は、A中学校とB中学校で同じである。

イ 記録の最大値は、A中学校の方がB中学校よりも大きい。

ウ 記録の最頻値は、A中学校の方がB中学校よりも大きい。

エ 記録が25m以上30m未満の階級の相対度数は、A中学校の方がB中学校よりも大きい。

オ 記録が15m以上20m未満の階級の累積相対度数は、A中学校の方がB中学校よりも大きい。

3 右の表は、ある工場で使われている、ねじを作る機械A、B、
Cの性能を確かめるために、それぞれの機械によって1時間
で作られたねじの一本あたりの重さを度数分布表にまとめ
たものである。なお、この工場では、4.8g以上5.2g未満の
ねじを合格品としている。表からわかることについて正しく
述べたものを、次のアからケまでの中からすべて選びなさい。

[2022愛知]

重さ（g）	度数（個）		
	A	B	C
4.4以上 ～ 4.8未満	4	3	5
4.8　～5.2	114	144	188
5.2　～5.6	2	3	7
計	120	150	200

ア 1時間あたりで、合格品を最も多く作ることができる機械は、Aである。

イ 1時間あたりで、合格品を最も多く作ることができる機械は、Bである。

ウ 1時間あたりで、合格品を最も多く作ることができる機械は、Cである。

エ 1時間あたりで、合格品を作る割合が最も高い機械は、Aである。

オ 1時間あたりで、合格品を作る割合が最も高い機械は、Bである。

カ 1時間あたりで、合格品を作る割合が最も高い機械は、Cである。

キ 1時間あたりで、作ったねじの重さの平均値が5.0gより小さくなる機械は、Aである。

ク 1時間あたりで、作ったねじの重さの平均値が5.0gより小さくなる機械は、Bである。

ケ 1時間あたりで、作ったねじの重さの平均値が5.0gより小さくなる機械は、Cである。

Chapter 28 確率、統計 確率

1 確率

❶ 確率

あることがらの起こりやすさの程度を表す数を、そのことがらの起こる確率という。

❷ 同様に確からしい

どの場合が起こることも同じ程度であると考えられるとき、同様に確からしいという。

> 💡 絶対おさえる！ 確率
>
> ☑ 起こりうる結果が全部でn通りあり、そのどれが起こることも同様に確からしいとする。そのうち、ことがらAの起こる場合がa通りのとき、
>
> Aの起こる確率…$p = \dfrac{a}{n}$ $(0 \leqq p \leqq 1)$
>
> Aの起こらない確率…$1 - p$

・樹形図

考えられるすべての場合を順序よく整理して数え上げるのに、下のような図がよく用いられる。このような図を**樹形図**という。

例 A、B、Cの3曲を流すとき、流す曲の順番は何通りあるか。

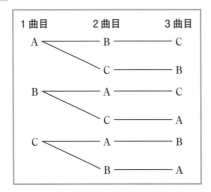

この樹形図から、全部で**6通り**ということがわかる。

📖 参考

問題の本文に出てくることがあるので、意味を理解しておくこと。

⭐ 重要

・必ず起こることがらの確率は1
・決して起こらないことがらの確率は0

📖 参考

樹形図は、順序よく整理してかけるので、抜けもなく数えやすい。

📖 参考

コインの表裏の問題を○×で表現すると、樹形図が簡単にかける。このように○×などの記号を用いてかくとよい。

合格への
ヒント
● 確率は「丁寧に数える」ことが重要。樹形図などを用いて、正しい数え方を
徹底的に身につけよう。

例題 1

> A、B、Cの3人の中から、くじ引きで委員長と副委員長を選ぶとき、Aが委員長に選ばれる確率を求め
> なさい。

答え

すべての場合は、次の樹形図の通り、6通りである。

```
委     副      委     副      委     副
A ─── B ○     B ─── A      C ─── A
   ╲─ C ○        ╲─ C         ╲─ B
```

このうち、Aが委員長に選ばれる場合は、副委員長がそれぞれB、Cの場合の2通り。

よって、求める確率は、$\dfrac{2}{6} = \dfrac{1}{3}$

例題 2

> 2つのさいころを同時に投げるとき、次の確率を求めなさい。
>
> (1) 出る目の数がどちらも奇数である確率
>
> (2) 少なくとも一方の目の数が偶数である確率

答え

2つのさいころの目の出かたは全部で36通りある。

(1) 出る目の数がどちらも奇数であるのは、2つのさいころをA、Bとする
と、右の表で○をつけた9通り。

よって、求める確率は、$\dfrac{9}{36} = \dfrac{1}{4}$

(2) $\left(\begin{array}{c}\text{少なくとも一方が}\\\text{偶数である確率}\end{array}\right) = 1 - \left(\begin{array}{c}\text{どちらも奇数で}\\\text{ある確率}\end{array}\right)$ より、$1 - \dfrac{1}{4} = \dfrac{3}{4}$

A\B	1	2	3	4	5	6
1	○		○		○	
2						
3	○		○		○	
4						
5	○		○		○	
6						

例題 3

> 袋の中に赤玉が2個、青玉が2個入っている。この中から同時に2個の玉を取り出す
> とき、2個とも赤玉である確率を求めなさい。

答え

赤玉を①、②、青玉を③、④として、樹形図をかく。

区別する

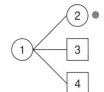

よって、求める確率は $\dfrac{1}{6}$

確認問題

日付	／	／	／
○△×			

❶ 次の問いに答えなさい。

(1)　2個のさいころを投げるとき、出る目の数の積が5の倍数になる確率を求めなさい。　　[2022京都]

(2)　箱の中に1から9までの数字が書かれた玉が1個ずつ入っている。中を見ないで、この箱の中から玉を1個取り出すとき、6の約数が書かれた玉が出る確率を求めなさい。　　[2022愛知]

(3)　2つの箱A、Bがある。箱Aには自然数の書いてある3枚のカード2、3、4が入っており、箱Bには偶数の書いてある3枚のカード4、6、8が入っている。それぞれの箱から同時にカードを1枚ずつ取り出すとき、取り出した2枚のカードに書いてある数の積が16である確率はいくらか。A、Bそれぞれの箱において、どのカードが取り出されることも同様に確からしいものとして答えなさい。　　[2022大阪]

(4)　右の図のように、袋の中に、赤玉4個と白玉2個の合計6個の玉が入っている。この袋の中から同時に2個の玉を取り出すとき、赤玉と白玉が1個ずつである確率を求めなさい。ただし、どの玉が取り出されることも同様に確からしいものとする。　　[2022愛媛]

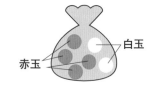

(5)　次の　　　　の中の「あ」「い」「う」にあてはまる数字をそれぞれ答えなさい。

1から6までの目の出る大小1つずつのさいころを同時に1回投げる。大きいさいころの出た目の数をa、小さいさいころの出た目の数をbとするとき、$a \geqq b$となる確率は、$\dfrac{\text{あ}}{\text{い う}}$である。

ただし、大小2つのさいころはともに、1から6までのどの目が出ることも同様に確からしいものとする。

[2021東京]

(6)　大小2個のさいころを同時に投げたとき、大きいさいころの出た目を十の位の数、小さいさいころの出た目を一の位の数として2けたの整数を作る。このとき、2けたの整数が素数となる確率を求めなさい。ただし、大小2個のさいころはともに、1から6までのどの目が出ることも同様に確からしいものとする。

[2021滋賀]

2 図1のように、袋の中に1、2、3の数字が1つずつ書かれた3個の白玉が入っている。このとき、次の問いに答えなさい。　　　　　　　　　　[2021石川]

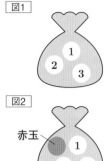

図1

(1) 袋から玉を1個ずつ2回続けて取り出し、取り出した順に左から並べる。このとき、玉の並べ方は全部で何通りあるか、求めなさい。

(2) 図2のように、袋に赤玉を1個加え、次のような2つの確率を求めることにした。

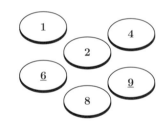

図2

赤玉

・玉を2個同時に取り出すとき、赤玉が出る確率をpとする。
・玉を1個取り出し、それを袋にもどしてから、また、玉を1個取り出すとき、少なくとも1回赤玉が出る確率をqとする。

このとき、pとqではどちらが大きいか、次のア～ウから正しいものを1つ選びなさい。また、選んだ理由も説明しなさい。説明においては、図や表、式などを用いてよいとする。ただし、どの玉が取り出されることも同様に確からしいものとする。
　ア　pが大きい。　　　イ　qが大きい。　　　ウ　pとqは等しい。

3 6枚のメダルがあり、片方の面にだけ1、2、4、6、8、9の数がそれぞれ1つずつ書かれている。ただし、6と9を区別するため、6は6、9は9と書かれている。数が書かれた面を表、書かれていない面を裏とし、メダルを投げたときは必ずどちらかの面が上になり、どちらの面が上になることも同様に確からしいものとする。この6枚のメダルを同時に1回投げるとき、次の問いに答えなさい。　　　　　　[2021兵庫]

(1) 2枚が表で4枚が裏になる出方は何通りあるか、求めなさい。

(2) 6枚のメダルの表裏の出方は、全部で何通りあるか、求めなさい。

(3) 表が出たメダルに書かれた数をすべてかけ合わせ、その値をaとする。ただし、表が1枚も出なかったときは、$a=0$とし、表が1枚出たときは、そのメダルに書かれている数をaとする。表が出たメダルが1枚または2枚で、$\sqrt{a}$が整数になる表裏の出方は何通りあるか、求めなさい。

Chapter 29

確率、統計

箱ひげ図

1 四分位数と箱ひげ図

❶ 四分位数

> 💡 **絶対おさえる！　四分位数**
>
> ☑ データの値を小さい順に並べ、中央値を境にして、前半部分と後半部分に分けるとき、
>
> | | |
> |---|---|
> | 前半部分の**中央値**……第1四分位数 | |
> | 全体の**中央値**…………第2四分位数 | あわせて四分位数という。 |
> | 後半部分の**中央値**……第3四分位数 | |

①データの値の個数が偶数個のとき

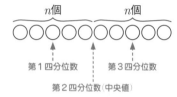

②データの値の個数が奇数個のとき

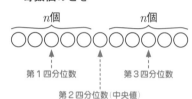

❷ 箱ひげ図

下の図のように、**第1四分位数と第3四分位数を両端とする長方形**をかき、中央値で箱の内部に線をひく。

最小値と第1四分位数、第3四分位数と最大値を線で結んだ図を、箱ひげ図という。

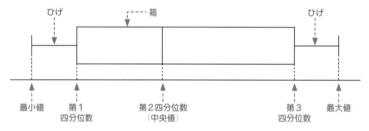

（四分位範囲）＝（第3四分位数）−（第1四分位数）

（範囲）＝（最大値）−（最小値）

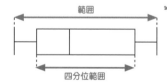

> ☆ **重要**
>
> データの値を小さい順に並べたとき、値の小さいほうから
>
> 25%の位置…第1四分位数
> 50%の位置…第2四分位数
> 75%の位置…第3四分位数
>
>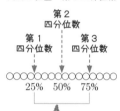
>
> > 四分位範囲には、データの中央付近の約半数がふくまれる

> 📖 **参考**
>
> ヒストグラムと箱ひげ図
> ・ヒストグラム→分布の形や最頻値がわかりやすいが、中央値はわかりにくい。
> ・箱ひげ図→散らばりのようすがわかりやすい。複数のデータの分布を比較するのに適している。

> ☆ **重要**
>
> データの中に離れた値がある場合
> ・範囲は影響を受けやすい。
> ・四分位範囲は影響を受けにくい。

> ☆ **重要**
>
> 第1四分位数がどの部分なのか、ことばと図でしっかり理解すること。

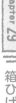

● 用語は丸暗記するのではダメ。実際の箱ひげ図を見ながら、1つ1つ丁寧に用語の意味を理解しよう。

例題 1

次のデータは、13個の卵の重さを調べ、軽いほうから順に並べたものである。

63、63、64、64、64、64、65、65、66、66、67、68、69（g）

(1) 四分位数を求めなさい。

(2) 四分位範囲を求めなさい。

(3) 箱ひげ図をかきなさい。

答え

(1)

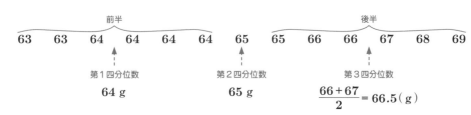

(2) $66.5 - 64 = 2.5$（g）
第3四分位数－第1四分位数

(3)

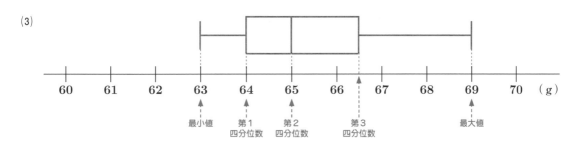

例題 2

ある中学校の生徒10人について、先月読んだ本の数（冊）を調べると次のようになった。

3、5、10、14、3、12、15、2、4、8

(1) 四分位数を求めなさい。

(2) 四分位範囲を求めなさい。

答え

(1)

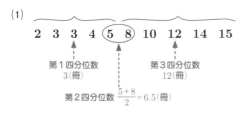

(2) 第3四分位数－第1四分位数より、

$12 - 3 = 9$（冊）

解答解説 別冊P028

 確認問題

日付	／	／	／
○△×			

1 次の問いに答えなさい。

(1) 次のア〜エの中から、箱ひげ図について述べた文として誤っているものを1つ選びなさい。 [2022埼玉]

ア データの中に離れた値がある場合、四分位範囲はその影響を受けにくい。

イ 四分位範囲は、第3四分位数から第1四分位数をひいた値である。

ウ 箱の中央は必ず平均値を表している。

エ 第2四分位数と中央値は必ず一致する。

(2) あるクラスの生徒35人が、数学と英語のテストを受けた。右の図は、それぞれのテストについて、35人の得点の分布の様子を箱ひげ図に表したものである。この図から読み取れることとして正しいものを、あとのア〜エから全て選びなさい。

[2022兵庫]

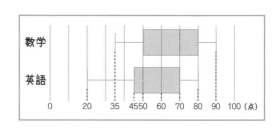

ア 数学、英語どちらの教科も平均点は60点である。

イ 四分位範囲は、英語より数学の方が大きい。

ウ 数学と英語の合計得点が170点である生徒が必ずいる。

エ 数学の得点が80点である生徒が必ずいる。

(3) 次のデータは、ある中学校のバスケットボール部員A〜Kの11人が1人10回ずつシュートをしたときの成功した回数を表したものである。このとき、四分位範囲を求めなさい。 [2022青森]

バスケットボール部員	A	B	C	D	E	F	G	H	I	J	K
成功した回数（回）	6	5	10	2	3	5	9	8	4	7	9

(4) 右の表は、クイズ大会に参加した11人の得点である。この表をもとにして、箱ひげ図をかくと下の図のようになった。a、bの値をそれぞれ求めなさい。

[2022徳島]

表
（単位：点）

13、7、19、10、5、11、14、20、7、8、16

図

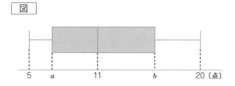

2 和夫さんと紀子さんの通う中学校の3年
生の生徒数は、A組35人、B組35人、C
組34人である。図書委員の和夫さんと紀
子さんは、3年生のすべての生徒につい
て、図書室で1学期に借りた本の冊数の

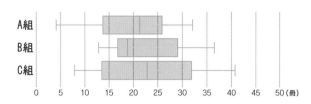

記録を取り、その記録をヒストグラムや箱ひげ図に表すことにした。上の図は、3年生の生徒が1学期に借り
りた本の冊数の記録を、クラスごとに箱ひげ図に表したものである。和夫さんは、図から読み取れること
として、次のように考えた。

(Ⅰ)　四分位範囲が最も大きいのはA組である。

(Ⅱ)　借りた本の冊数が20冊以下である人数が最も多いのはB組である。

(Ⅲ)　どの組にも、借りた本の冊数が30冊以上35冊以下の生徒が必ずいる。

図から読み取れることとして、(Ⅰ)〜(Ⅲ)はそれぞれ正しいといえるか。次のア〜ウの中から最も適切なものを
1つずつ選びなさい。　　　　　　　　　　　　　　　　　　　　　　　　　　　　　　　　　　　[2022和歌山]

　　ア　正しい　　　イ　正しくない　　　ウ　この資料からはわからない

3 ある中学校の3年1組35人と2組35人
に、家庭学習にインターネットを利用す
る平日1日あたりの時間について、調査
を行った。図1は、それぞれの組の分布
の様子を箱ひげ図に表したものである。
また、図2は、2組のデータを小さい順に
並べたものである。このとき、次の問い
に答えなさい。　　　　　　[2022富山]

図2

5、7、8、9、12、13、14、16、16、18、19、19、21、22、
23、25、30、35、38、41、42、43、45、50、51、52、55、
58、62、63、65、70、85、90、105（分）

(1)　1組の四分位範囲を求めなさい。

(2)　2組の第3四分位数を求めなさい。

(3)　上の2つの図1と図2から読み取れることとして、必ず正しいといえるものを次のア〜オからすべて選び
なさい。

　　ア　1組と2組を比べると、2組のほうが、四分位範囲が大きい。

　　イ　1組と2組のデータの範囲は等しい。

　　ウ　どちらの組にも利用時間が55分の生徒がいる。

　　エ　1組には利用時間が33分以下の生徒が9人以上いる。

　　オ　1組の利用時間の平均値は52分である。

Chapter 30 標本調査

確率、統計

1 標本調査

❶ **全数調査**…調査の対象となる集団全部についての調査。

❷ **標本調査**…集団の一部分を調査して、**集団全体の傾向を推測する**調査。

❸ **母集団**…傾向を知りたい集団全体のこと。

❹ **標本**…母集団の一部分として取り出して実際に調べたもの。

標本調査の割合から母集団の割合を推定できる。

・母集団からかたよりなく標本を取り出すことを『**無作為に抽出する**』という。

標本を無作為に抽出する方法は下のようなものがある。

①乱数さい

乱数さいは、正二十面体の各面に0から9までの
数字が、それぞれ2つずつつけられたもの。
この乱数さいを2個投げるか、1個を2回投げる
と、00から99の中から1つの数を選ぶことができる。

②コンピュータの表計算ソフト

表計算ソフトを使って、例えば1〜100までの整数の中から1つの数字を選ぶに
は、セルに
=RANDBETWEEN（1、100）
と入力する。

③乱数表

乱数表は、どの数字からは
じめて、どの方向に進んで
も、数字の並びに規則性が
ないように作られている。
目を閉じて乱数表に鉛筆
を立て使う。同じ数がふた
たび選ばれた場合にはそ
れを除く。

33	81	41	4	94	19	37	69	85	90
20	14	0	98	88	72	42	66	43	93
46	48	68	1	36	51	85	27	70	79
84	95	59	38	87	39	76	63	49	57
26	75	31	97	8	2	77	54	96	67
58	30	56	55	91	60	24	65	17	62
64	13	25	89	16	44	23	86	10	50
21	75	82	18	99	7	53	52	47	45
80	74	6	22	29	28	32	40	11	71
73	35	12	92	61	9	3	5	34	15

☆ 重要

全数調査を行うものの例
・総務省が行う国勢調査
・学校で行う健康診断
・学力テスト
など

標本調査を行うものの例
・テレビの視聴率調査
・新聞の世論調査
・工場で行う製品調査
など

📖 参考

標本をとり出すときには、母集団の性質を正しく知るために、かたよりなくとり出すことが大切である。そのために、無作為に抽出する必要がある。

合格への
ヒント ● 標本調査の問題はパターンが限られているよ。演習で解き方を覚えてしまおう。

例題 1

次の調査は、全数調査、標本調査のどちらで行うのが適切か。

(1) 高校入試

(2) ある川の水質調査

(3) テレビの視聴率調査

答え

(1) 高校入試の目的は受験者1人1人の学力を調べることなので、全数調査が適切である。

(2) 川の水すべてを調査するのは難しく一部を調査し全体を推測できるので、標本調査が適切である。

(3) 全家庭を対象とすると時間と手間がかかるので、標本調査が適切である。

例題 2

ある工場で製造された製品から600個を無作為に抽出して検査をしたところ、そのうち3個が不良品であった。この工場で、10000個の製品を製造したとき、そのうちの不良品の個数は、およそ何個と考えられるか。

答え

標本における不良品の割合は、$\dfrac{3}{600} = \dfrac{1}{200}$

不良品の割合は同じと考える

母集団における不良品の割合も $\dfrac{1}{200}$

10000個の製品の中の不良品の個数は、$10000 \times \dfrac{1}{200} = 50$　よって、およそ50個

☆標本の比率から、母集団の比率を推測しよう！

別解

(製品の総数)：(不良品の総数) = (抽出した製品の総数)：(抽出した製品にあった不良品の数)

全製品にふくまれる不良品の個数を x 個とすると、

$10000 : x = 600 : 3$　これを解くと、$x = 50$　よって、およそ50個

$\dfrac{(不良品の総数)}{(製品の総数)} = \dfrac{(抽出した製品にあった不良品の数)}{(抽出した製品の総数)}$

のように、分数にして求めることもできる。

$\dfrac{x}{10000} = \dfrac{3}{600}$ より、$x = 50$

よって、およそ50個

確 認 問 題

日付	／	／	／
○△×			

１ 次の問いに答えなさい。

(1) ある養殖池にいる魚の総数を、次の方法で調査した。このとき、この養殖池にいる魚の総数を推定し、小数第1位を四捨五入して求めなさい。　　　　　　　　　　　　　　　　　　　　　　　　［2022埼玉］

　【1】　網で捕獲すると魚が22匹とれ、その全部に印をつけてから養殖池にもどした。

　【2】　数日後に網で捕獲すると魚が23匹とれ、その中に印のついた魚が3匹いた。

(2) 図書委員の和夫さんと紀子さんは、「この中学校の生徒は、どんな本が好きか」を調べるために、アンケート調査をすることにした。次の文は、調査についての二人の会話の一部である。

　紀子：1年生から3年生までの全校生徒300人にアンケート調査をするのは人数が多くて大変だから、標本調査をしましょう。

　和夫：3年生の生徒だけにアンケート調査をして、その結果をまとめよう。

　紀子：その標本の取り出し方は適切ではないよ。

　下線部について、紀子さんが適切ではないといった理由を、簡潔に書きなさい。　　　　　　　［2022和歌山］

(3) 袋の中に、白い碁石と黒い碁石が合わせて500個入っている。この袋の中の碁石をよくかき混ぜ、60個の碁石を無作為に抽出したところ、白い碁石は18個含まれていた。この袋の中に入っている500個の碁石には、白い碁石がおよそ何個含まれていると推定できるか。　　　　　　　　　　　　　　　　　　［2022秋田］

(4) 白玉だけがたくさん入っている箱がある。白玉の数を推定するために、同じ大きさの黒玉100個を白玉が入っている箱の中に入れてよくかき混ぜた。そこから200個の玉を無作為に抽出すると、黒玉が20個入っていた。はじめに箱に入っていた白玉はおよそ何個と推定されるか。次のア〜エのうち、最も適当なものを1つ選びなさい。　　　　　　　　　　　　　　　　　　　　　　　　　　　　　　　　　　　　［2022島根］

　ア　700個　　イ　900個　　ウ　1000個　　エ　1200個

(5) Sさんは、倉庫にある玉入れ用の玉の中に、使える玉が何個あるか確認をすることにした。そこで、無作為に抽出した20個の玉を調べると、そのうち15個が使える玉だった。玉が全部で413個あることがわかっているとき、使える玉はおよそ何個と推定されるか。小数第1位を四捨五入した概数で答えなさい。

　　　［2022山口］

② B中学校では、校内に回収箱を設置して、ペットボトルのキャップを集めている。B中学校生徒会では、集めたキャップを1個ずつ数えて個数を調べているが、数える作業に時間がかかるので、簡単な作業で個数を推測できないかを考えている。このとき、次の問いに答えなさい。 [2020山梨]

(1) キャップの入った回収箱の重さがわかっているとき、キャップ1個の重さがすべて等しいと考えれば、キャップのおよその個数を計算で求めることができる。そのためには、キャップ1個の重さの他に何がわかればよいか。次のア、イから正しいものを1つ選びなさい。また、それらを使ってキャップのおよその個数を求める方法を説明しなさい。

　　ア　空の回収箱の容積　　　イ　空の回収箱の重さ

(2) 次の手順で、回収箱の中のキャップの個数を推測することができる。手順の②において、印のついたキャップの個数が4個であるとき、この回収箱の中のキャップの個数はおよそ何個と考えられるか求めなさい。

　【手順】
　① 回収箱から取り出した100個のキャップに印をつけ、回収箱に戻してよくかき混ぜる。
　② 回収箱から無作為に抽出した50個のキャップのうち、印がついたキャップの個数を調べる。
　③ ①と②で、印がついたキャップの含まれる割合は等しいと考えて推測をする。

③ 袋の中に同じ大きさの赤球だけがたくさん入っている。標本調査を利用して袋の中の赤球の個数を調べるため、赤球だけが入っている袋の中に、赤球と同じ大きさの白球を400個入れ、右のような実験を行った。この〈実験〉を5回行い、はじめに袋の中に入っていた赤球の個数を、〈実験〉を5回行った結果の赤球と白球それぞれの個数の平均値をもとに推測することにした。右の表は、この〈実験〉を5回行った結果をまとめたものである。 [2020福島]

〈実験〉
袋の中をよくかき混ぜた後、その中から60個の球を無作為に抽出し、赤球と白球の個数を数えて袋の中にもどす。

表

	1回目	2回目	3回目	4回目	5回目
赤球の個数	38	43	42	37	40
白球の個数	22	17	18	23	20

(1) 〈実験〉を5回行った結果の白球の個数の平均値を求めなさい。

(2) はじめに袋の中に入っていた赤球の個数を推測すると、どのようなことがいえるか。次のア、イのうち、適切なものを1つ選びなさい。また、選んだ理由を、根拠となる数値を示して説明しなさい。

　　ア　袋の中の赤球の個数は640個以上であると考えられる。
　　イ　袋の中の赤球の個数は640個未満であると考えられる。

監修者紹介

清水　章弘（しみず・あきひろ）

◉——1987年、千葉県船橋市生まれ。海城中学高等学校、東京大学教育学部を経て、同大学院教育学研究科修士課程修了。新しい教育手法・学習法を考案し、東大在学中に20歳で起業。東京・京都・大阪で「勉強のやり方」を教える学習塾プラスティーを経営し、自らも授業をしている。

◉——著書は『現役東大生がこっそりやっている 頭がよくなる勉強法』（PHP研究所）など多数。青森県三戸町教育委員会の学習アドバイザーも務める。現在はTBS「ひるおび」やラジオ番組などに出演中。

プラスティー

東京、京都、大阪で中学受験、高校受験、大学受験の塾を運営する学習塾。代表はベストセラー『現役東大生がこっそりやっている、頭がよくなる勉強法』（PHP研究所）などの著者で、新聞連載やラジオパーソナリティ、TVコメンテーターなどメディアでも活躍の幅を広げる清水章弘。

「勉強のやり方を教える塾」を掲げ、勉強が嫌いな人のために、さまざまな学習プログラムや教材を開発。生徒からは「自分で計画を立てて勉強をできるようになった」「自分の失敗や弱いところを理解し、対策できるようになった」の声が上がり、全国から生徒が集まっている。

学習塾運営だけではなく、全国の学校・教育委員会、予備校や塾へのサービスの提供、各種コンサルティングやサポートなども行っている。

高校入試の要点が1冊でしっかりわかる本 数学

2023年4月3日　　第1刷発行

監修者——清水　章弘
発行者——齊藤　龍男
発行所——株式会社かんき出版
　　　　　東京都千代田区麹町4-1-4 西脇ビル　〒102-0083
　　　　　電話　営業部：03(3262)8011㈹　編集部：03(3262)8012㈹
　　　　　FAX　03(3234)4421　　　　　振替　00100-2-62304
　　　　　https://kanki-pub.co.jp/
印刷所——シナノ書籍印刷株式会社

乱丁・落丁本はお取り替えいたします。購入した書店名を明記して、小社へお送りください。ただし、古書店で購入された場合は、お取り替えできません。
本書の一部・もしくは全部の無断転載・複製複写、デジタルデータ化、放送、データ配信などをすることは、法律で認められた場合を除いて、著作権の侵害となります。
©Akihiro Shimizu 2023 Printed in JAPAN　ISBN978-4-7612-3087-6 C6041

高校入試の要点が1冊で
しっかりわかる本　数学

別冊解答

解答と解説の前に、
「点数がグングン上がる！数学の勉強法」をご紹介します。
時期ごとにおすすめの勉強法があるので、
自分の状況に合わせて試してみてください。
解答と解説は4ページ以降に掲載しています。

数学の勉強法

点数がグングン上がる！

 基礎力UP期（4月〜8月）

● まずは計算力をつけよう！

まだ時間があるこの時期は、数学の基礎をきちんと固めよう。数学の基礎といえば「計算力」。高校入試でも、合格のためには計算問題は落とせない。また、素早く正確に計算できれば、難しい問題にじっくり取り組む時間もできる。

本書を使うときも、計算を意識してほしい。素早く正確に計算するためには「時間を意識して解くこと」と、「自分の計算方法を振り返ること」が効果的だ。そのために試してほしいのが「タイムアタック演習法」。「過去に自分が解いた時間と勝負する勉強法」とも言える。まずは、10分以内で終わりそうな計算問題を1セット用意し、タイムを計って解く。このとき、正答率とかかったタイムをメモしておこう。そして次にやり直すときに、そのタイムと競うんだ。　入試に向けて成績を上げていきたいのに、過去のタイムに負けるわけにはいかない。だから、いい感じのプレッシャーがかかり、どんどん計算スピードが上がっていく！

●「なぜ間違えたのか」も考えよう！

ただ、この時期にスピードばかり意識するのはよくない。間違えた問題があったら、「なぜ間違えたのか」を考え、「どうすれば次は正解できるか」まで考えてほしい。

たとえば暗算でミスしていたなら、途中式を増やしてみる。字を見間違えていたなら、字を丁寧に書いてみる。一つひとつ積み重ねていこう！　余裕のある人は、正解していた問題も「もっと速く解けないか」と考えてみよう。たとえば、よく出てくる2乗の計算は覚えてしまったり、公式を使って計算を省略したり、などの工夫ができるかもしれない。

復習期（9月〜12月）

● 理解できていない知識や問題を見つけよう！

数学は、積み重ねが重要な教科だ。ある単元の知識が抜けていると、他の単元に影響が出てくることがほとんど。だからこそ、一通りの学習が終わった人は、この本の「例題」をはじめから順番に解き、抜けている知識がないか確認してみよう。また、「合格へのヒント」に、身に着けてほしい力や知識が書いてあるので、参考にしながら解いてほしい。

問題を解くときは、「○△×管理法」がおすすめ。○は「解説を見ずに正解できた問題」、△は「解説を読めば理解できた問題」、そして×は「解説を読んでも理解できなかった問題」だ。解き終わったとき、それぞれの問題に印をつけていこう。印をつけておけば、解き直すべき問題は△の印の問題、先生や友達に質問するべき問題は×の印の問題だと一目でわかる。

×の問題は質問して理解できれば△に書き換え、△の問題は後日何も見ずに解くことができれば○に書き換え、最後はすべての問題が○印になることを目指そう！

「○△×管理法」のやり方

準備するもの：ノート2冊（1冊目を「演習ノート」、2冊目を「復習ノート」と呼びます）
❶ 問題を「演習ノート」に解く。丸つけをするときに、問題集の番号に「○」「△」「×」をつけて、自分の理解状況をわかるようにする。

○ … 自力で正解できた。
△ … 間違えたけど、解答を読んで自力で理解した。
　　次は解ける！
✕ … 間違えたので解答・解説を読んだけど、
　　理解できなかった。

❷ △の問題は解答・解説を閉じて「復習ノート」に解
き直す。「答えを写す」のではなく、自分で考えなが
ら解き直して、答案を再現する。
❸ ✕の問題は先生や友人に質問したり、自分で調べ
たりしたうえで「復習ノート」に解き直す。

| Chapter1 | 正負の数 |

✓ 確 認 問 題

① 次の計算をしなさい。

○ (1) $8 + (-13)$　　　　　　　　　[2021三重]

△ (3) $-9 + 4$　　　　　　　　　　[2022和歌山]

✕ (5) $6 - 7$　　　　　　　　　　　[2019山梨]

● **苦手な問題は「単語カード勉強法」で復習しよう！**
　△や✕印の問題には「単語カード勉強法」をしてみるといい。間違えた問題を大きめの単語
カードにまとめておくと、効果的に復習できるんだ。表に問題を書き出し、裏に簡単な解答や方針を書いてお
こう。問題の位置や単元の名前で解き方を覚えてしまっていることも多いので、単語カードをシャッフルして
使うと、本当に理解できているかを確認できる。

📅 まとめ期（1月〜受験直前）

● **少しでも不安を解消し、過去問演習に時間を使おう！**
　入試の直前期は、とにかく時間がない。まとめ期にこの本を手にしたあなたは、「例題」を一気に解いて、すべ
て解けるようにしよう。時間がないときは、苦手な単元に絞ってもいい。
　気になるところは「絶対おさえる！」を1つずつ確認すること。不安が残るなら、これまで使ってきた参考書
や問題集で復習するのもひとつの手。急いで不安を解消して、なるべく早く過去問演習に時間を使おう。
　過去問対策をするときは、時間を計って取り組んでほしいけれど、スピードの前に理解の確認が大事。時間
内に解けなかった問題も、時間を気にしなければ解けるかどうか確認しよう。

● **「解説付け足し勉強法」で理解度アップ！**
　それでも解けない問題は、解説を丁寧に読み、解き方を理解しよう！　このとき、「どうすればこの解き方を
思いつくのか？」という方針まで考えられれば、万全。そのためにおすすめなのが、「解説付け足し勉強法」だ。間
違えた問題の解説を読み、思いつかなかった方針に線を引いたり、先生の説明を直接書き込んだりしていく。わ

からなかったことを付け足し
ていくんだ。
解答を読むだけではわかった
つもりになるだけで、解きなお
してみると意外と解けない、な
んてことも多い。解説に線を引
いたり書き込んだりしながら
読むと、深く理解できるぞ。
　きちんと積み上げていけば、
解けば解くほど伸びる！　最
後まで走りきろう！

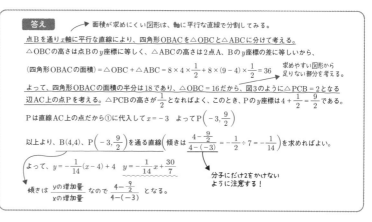

■解答

1 (1)-5　(2)-5　(3)-5　(4)-5　(5)-1

　　(6)9

2 (1)45　(2)-4　(3)-7.2　(4)-6　(5)-13

　　(6)7　(7)1　(8)$-\dfrac{3}{5}$

3 (1)$\dfrac{4}{9}$　(2)-50　(3)12　(4)$\dfrac{9}{2}$　(5)15　(6)-4

　　(7)-11　(8)-7　(9)-19　(10)-3

4 (1)$90 = 2 \times 3^2 \times 5$　(2)$150 = 2 \times 3 \times 5^2$

　　(3)$-4℃$　(4)$5.7℃$　(5)$867\,\mathrm{m}$　(6)8冊

■解説

2 (4)(与式)$= -\left(\dfrac{3}{2} \times \dfrac{4}{1}\right) = -6$

(8)(与式)$= \left(-\dfrac{7}{15} \times \dfrac{3}{1}\right) + \dfrac{4}{5} = -\dfrac{7}{5} + \dfrac{4}{5} = -\dfrac{3}{5}$

3 (2)(与式)$= 2 \times (-5 \times 5) = -50$

(3)(与式)$= 3 \times (-2) \times (-2) = 12$

(10)(与式)$= -8 + (-3) \times (-3) \times \dfrac{5}{9} = -8 + 9 \times \dfrac{5}{9}$

$= -8 + 5 = -3$

4 (3)$15 - 19 = -4$　最低気温は、$-4℃$。

(4)$5.3 - (-0.4) = 5.3 + 0.4 = 5.7$　$5.7℃$高い。

(5)$848 - (-19) = 848 + 19 = 867$　差は$867\,\mathrm{m}$。

(6)$(10 + 0 + 2 - 3 + 4 - 1) \div 6 = 2$　6冊が基準(仮平均)だから、$6 + 2 = 8$　本の冊数の平均値は8冊。

2 文字と式 　本冊 P.014,015

■解答

1 (1)$5x$　(2)$3a$　(3)$\dfrac{7}{6}a$　(4)$6x - 11$　(5)$6x + 2$

　　(6)$2a - 1$　(7)$\dfrac{a + 17}{12}$　(8)$\dfrac{x}{6}$　(9)$\dfrac{7}{10}x - 3$

　　(10)$\dfrac{7}{12}x$

2 (1)$6x - 4$　(2)$6x - 3$

3 (1)11　(2)$a = 10b + 5$　(3)$100 - 6x = y$

　　(4)$a = 10b + 3$　(5)$a = 3b + 2$　(6)$\dfrac{a}{13} + \dfrac{b}{18} = 1$

(7)$6a + b < 800$　(8)$3x < 5(y - 4)$

(9)$2a + 3b \leqq 2000$　(10)$3a + 2b \geqq 20$

(11)(例)みかん5個とりんご3個の金額の合計が1000円以下であること(を表している)。

■解説

1 かっこをはずすときは、かっこの前の符号($+$、$-$)に注意する。分数の形の場合は、まず通分を先にしてから、分子の部分を計算する。

(3)(与式)$= \dfrac{4a}{6} + \dfrac{3a}{6} = \dfrac{4a + 3a}{6} = \dfrac{7}{6}a$

(5)(与式)$= (4x + 8) + (2x - 6) = 4x + 8 + 2x - 6$

$= 4x + 2x + 8 - 6 = 6x + 2$

(6)(与式)$= (6a - 9) - (4a - 8) = 6a - 9 - 4a + 8$

$= 6a - 4a - 9 + 8 = 2a - 1$

(7)(与式)$= \dfrac{9a + 3}{12} - \dfrac{8a - 14}{12} = \dfrac{(9a + 3) - (8a - 14)}{12}$

$= \dfrac{9a + 3 - 8a + 14}{12} = \dfrac{a + 17}{12}$

(8)(与式)$= \dfrac{10x + 6}{6} - \dfrac{9x + 6}{6} = \dfrac{(10x + 6) - (9x + 6)}{6}$

$= \dfrac{10x + 6 - 9x - 6}{6} = \dfrac{x}{6}$

(9)(与式)$= \dfrac{5x}{10} - 2 + \left(\dfrac{2x}{10} - 1\right) = \dfrac{5x}{10} - 2 + \dfrac{2x}{10} - 1$

$= \dfrac{5x}{10} + \dfrac{2x}{10} - 2 - 1 = \dfrac{7}{10}x - 3$

(10)(与式)$= \dfrac{9x - 6}{12} - \dfrac{2x - 6}{12} = \dfrac{(9x - 6) - (2x - 6)}{12}$

$= \dfrac{9x - 6 - 2x + 6}{12} = \dfrac{7}{12}x$

2 (1)(与式)$= \dfrac{10 \times (3x - 2)}{5} = 2 \times (3x - 2) = 6x - 4$

(2)(与式)$= \dfrac{9 \times (2x - 1)}{3} = 3 \times (2x - 1) = 6x - 3$

3 (1)$-a + 8$に、$a = -3$を代入する。負の数を代入するときは、かっこをつけて代入すると、符号ミスが起こりにくい。

$-(-3) + 8 = 3 + 8 = 11$

(2)配ったりんごの数は、$10b$個。余った数は5個なので、りんごの数は　$10b + 5$(個)と表せる。

(4)a個は、卵の総数を表すから、文字bを使って卵の総数を表す式を作ればよい。

(6)走った時間は、(道のり)÷(速さ)で表せる。つまり、時速13kmで走った時間は、$\frac{a}{13}$ 時間。時速18kmで走った時間は、$\frac{b}{18}$ 時間。合わせた時間は1時間。

(7)(8)不等号<、>を使って表す。

(9)(10)不等号≦、≧を使って表す。

(11)5aはみかん5個分の代金、3bはりんご3個分の代金を表している。「≦」の向きにも注意。

3 式の計算　本冊 P.018,019

解答

1 (1)$4x+y+18$ (2)$5x-3y$ (3)$-2x+7y$
(4)$14x-7y$ (5)$8a+b$ (6)$3y+2$
(7)$6a-7b$ (8)$7x+12y$
(9)$\frac{x+9y}{8}$ (10)$\frac{7x-4}{6}$ (11)$\frac{9a+5b}{4}$ (12)$\frac{2x-13y}{21}$

2 (1)$8a^2b$ (2)$-\frac{2}{3}a^3b^2$ (3)$6x^2y^2$ (4)$6x$
(5)$4x^2$ (6)$-7x$ (7)$-40x^3y^2$ (8)$-2b$
(9)$6ab$ (10)$20a$

3 (1)7 (2)-8 (3)40 (4)-48 (5)0 (6)-9
(7)$b=\frac{2}{9}-\frac{5}{9}a$ (8)$y=-\frac{4}{3}x+\frac{8}{3}$
(9)$y=4x-2$ (10)$b=\frac{2a-c}{3}$ (11)$c=-5a+2b$

解説

1 かっこをはずすときは、かっこの前の符号(+、-)に注意する。
(6)(与式)$=12x+3y+(-12x)+2=3y+2$
(7)(与式)$=12a-9b-(6a-2b)$
　　　$=12a-9b-6a+2b=6a-7b$
(9)(与式)$=\frac{4(x+y)}{8}-\frac{3x-5y}{8}=\frac{4x+4y-3x+5y}{8}$
　　　$=\frac{x+9y}{8}$

2 わり算は、わる数の逆数をかける乗法になおして計算する。
(5)(与式)$=2x^3y^2\div\frac{xy^2}{2}=\frac{2x^3y^2\times2}{xy^2}=4x^2$
(7)(与式)$=-4^2x^2y^3\times\frac{1}{2xy^2}\times5x^2y$

$=-\frac{4^2\times x^2\times y^3\times5\times x^2\times y}{2\times x\times y^2}=-40x^3y^2$

3 式の値は、文字の式を一番簡単な形に整理してから、文字の数値を代入して計算する。

等式を変形して、ある文字について解く場合は、解く文字の項を左辺に、それ以外の文字や数の項を右辺に移項する。

(4)(与式)$=\frac{4xy\times y^2}{2}=2xy^3$　$2xy^3$ に $x=3$、$y=-2$
を代入　$2\times3\times(-2)^3=6\times(-8)=-48$
(10)両辺に2をかける→2をかけて分母をはらう
$a\times2=\frac{3b+c}{2}\times2$
$2a=3b+c$　→「$2a$」「$3b$」の項を移項
$-3b=-2a+c$→両辺を-3でわる
$b=\frac{2a-c}{3}$

4 多項式の計算　本冊 P.022,023

解答

1 (1)$3a-2$ (2)$9a+4b$
2 (1)$x^2+8x+16$ (2)$4x^2+4xy+y^2$
(3)$x^2-9x+20$ (4)x^2-6x+9
3 (1)$28x+60$ (2)$-11x+8$ (3)$2x+13$
(4)$-6x+25$ (5)$4x+8$ (6)$-7x+8$ (7)$6a+25$
(8)$5x+23$ (9)$2x^2+8x-9$ (10)4 (11)$2xy+9y^2$
4 (1)$(x-6)(x+2)$ (2)$(x+2)(x+4)$
(3)$(x-3)(x+9)$ (4)$(x-3)(x-5)$
(5)$(a+10)(a-2)$ (6)$(a-5)(a+9)$
(7)$(x-5)(x+7)$ (8)$(x+6)(x-6)$
(9)$(x-2)(x-6)$ (10)$(x+2y)(x-2y)$
(11)$(x+3)(x-5)$ (12)$(x+2)(x-4)$
(13)$2(x+3)(x-3)$ (14)$(x+1)(y-6)$
(15)$(3x-2)^2$ (16)$a(x+4)(x-4)$
(17)$(x+8)(x-2)$ (18)$2(a+b+2)(a+b-2)$
(19)$a(x-3)(x-9)$ (20)$(x-2)(x+9)$

解説

1 (1)(与式)$=9a^2\div3a-6a\div3a=3a-2$
(2)(与式)$=54ab\div6b+24b^2\div6b=9a+4b$
3 かっこの前の符号が-(マイナス)のとき、かっこをはずすときに各項の符号が反対になる。乗法公式を覚

えて、素早く計算できるようにする。

(1)(与式) $= (x^2 + 18x + 81) - (x^2 - 10x + 21)$
$$= x^2 + 18x + 81 - x^2 + 10x - 21$$
$$= 28x + 60$$

(4)(与式) $= (x^2 - 6x + 9) - (x^2 - 16)$
$$= x^2 - 6x + 9 - x^2 + 16$$
$$= -6x + 25$$

(10)(与式) $= (4x^2 + 4x + 1) - (4x^2 + 4x - 3)$
$$= 4x^2 + 4x + 1 - 4x^2 - 4x + 3 = 4$$

(11)(与式) $= x^2 + 2xy - (x^2 - 9y^2)$
$$= x^2 + 2xy - x^2 + 9y^2$$
$$= 2xy + 9y^2$$

4 多項式の因数分解では、まず共通の因数をくくり出す。くくり出した後も、さらに因数分解できないかを確認する。

(1)和が -4、積が -12 になる2数は、-6 と 2

(3)和が $+6$、積が -27 になる2数は、-3 と 9

(4)和が -8、積が $+15$ になる2数は、-3 と -5

(5)和が $+8$、積が -20 になる2数は、10 と -2

(8)$x^2 - a^2 = (x+a)(x-a)$ を利用する。

(11)(与式) $= x^2 + x - 3x - 15$
$$= x^2 - 2x - 15$$

(12)(与式) $= x^2 - 7x - 8 + 5x$
$$= x^2 - 2x - 8$$

(14)(与式) $= x(y-6) + (y-6)$

$(y-6)$ が共通因数でくくり出せる。

(15)(与式) $= (3x)^2 - 2 \times 2 \times 3x + 2^2$

(17)$(x+4) = $ X に置きかえて考える。
$$X^2 - 2X - 24 = (X+4)(X-6)$$
$$= (x+4+4)(x+4-6)$$

(18)(与式) $= 2\{(a+b)^2 - 4\}$
$$= 2\{(a+b)+2\}\{(a+b)-2\}$$

(19)(与式) $= a(x^2 - 12x + 27)$

(20)$(x+6) = $ X に置きかえて考える。
$$X^2 - 5X - 24 = (X-8)(X+3)$$
$$= (x+6-8)(x+6+3)$$

---

5 式の計算の利用　本冊 P.026,027

解答

1 $(2n-1)$個

2 (1)33

(2)【証明】X、Y を、それぞれ a、b、c を用いた式で

表すと、
$$X = 100a + 10b + c$$
$$Y = c - b + a$$
となる。よって、
$$X - Y = (100a + 10b + c) - (c - b + a)$$
$$= 99a + 11b$$
$$= 11(9a + b)$$
$9a + b$ は整数であるから、$11(9a + b)$ は11の倍数である。したがって、X $-$ Y の値は11の倍数になる。

3 (1)495　(2)**イ** $100c + 10b + a$　**ウ** 99

解説

1 絶対値が n である数は、正の数は n、負の数は $-n$ である。絶対値が n より1小さい整数は、正の数では、n より1小さい数なので、$n-1$ と表される。負の数では、$-n$ より1大きい数なので、$-n+1$ と表される。よって、その個数は、
$$(n-1) - (-n+1) + 1 = 2n - 1(個)$$

2 (1)P $= 78$ のときの Q の値は、$8 - 7 = 1$ なので、P $-$ Q の値は、$78 - 1 = 77$

P $= 41$ のときの Q の値は、$1 - 4 = -3$ なので、P $-$ Q の値は、$41 - (-3) = 44$

よって、P $= 78$ のときの P $-$ Q の値から、P $= 41$ のときの P $-$ Q の値をひいた差は、$77 - 44 = 33$

6 平方根　本冊 P.030,031

解答

1 (1)$5\sqrt{3}$　(2)$2\sqrt{5}$　(3)$2\sqrt{3}$　(4)$2\sqrt{2}$　(5)3

(6)$10 + 4\sqrt{6}$　(7)$\sqrt{3}$　(8)$5\sqrt{2}$　(9)$-3\sqrt{3}$

(10)$3\sqrt{3}$　(11)$5\sqrt{5} - 9$　(12)$\sqrt{2}$　(13)$3 + \sqrt{5}$

(14)$8 + 4\sqrt{6}$　(15)$-3 + \sqrt{2}$　(16)$\dfrac{25\sqrt{6}}{6}$

(17)$1 + 2\sqrt{15}$　(18)$\dfrac{20}{21}$

2 (1)③　(2)ア　(3)$\sqrt{2}$、π

3 (1)100　(2)6

4 21

5 7

解説

1 (3)(与式) $= \dfrac{3 \times 2\sqrt{2}}{\sqrt{2 \times 3}} = \dfrac{6\sqrt{2}}{\sqrt{2} \times \sqrt{3}} = 2\sqrt{3}$

(6)(与式)$= 4 + 4\sqrt{6} + 6 = 10 + 4\sqrt{6}$

(7)(与式)$= 4\sqrt{3} - 3\sqrt{\dfrac{6}{2}} = \sqrt{3}$

(9)(与式)$= 2\sqrt{3} - \dfrac{15\sqrt{3}}{3} = -3\sqrt{3}$

(10)(与式)$= 2\sqrt{3} + \dfrac{2\sqrt{6}}{2\sqrt{2}} = 2\sqrt{3} + \sqrt{3} = 3\sqrt{3}$

(11)(与式)$= \sqrt{5} - (5 - 4\sqrt{5} + 4) = 5\sqrt{5} - 9$

(12)(与式)$= \dfrac{3 \times \sqrt{2}}{\sqrt{2} \times \sqrt{2}} - \dfrac{2 \times \sqrt{2}}{2\sqrt{2} \times \sqrt{2}} = \dfrac{3 \times \sqrt{2}}{2}$

$- \dfrac{2 \times \sqrt{2}}{2 \times 2} = \dfrac{3\sqrt{2}}{2} - \dfrac{\sqrt{2}}{2} = \sqrt{2}$

(13)(与式)$= \sqrt{3 \times 15} + 3 - \dfrac{10 \times \sqrt{5}}{\sqrt{5} \times \sqrt{5}} = 3\sqrt{5} + 3 -$

$\dfrac{10 \times \sqrt{5}}{5} = 3\sqrt{5} + 3 - 2\sqrt{5} = 3 + \sqrt{5}$

(14)(与式)$= 2 \times 3 + \sqrt{6} + 2\sqrt{6} + 2 + \dfrac{6 \times \sqrt{6}}{\sqrt{6} \times \sqrt{6}} = 6 +$

$3\sqrt{6} + 2 + \sqrt{6} = 8 + 4\sqrt{6}$

(15)(与式)$= \dfrac{6}{\sqrt{2}} - \dfrac{\sqrt{18}}{\sqrt{2}} + \sqrt{2} \, \{1^2 - (\sqrt{3})^2\} = 3\sqrt{2} -$

$3 - 2\sqrt{2} = -3 + \sqrt{2}$

(16)(与式)$= 4\sqrt{6} + \dfrac{1}{\sqrt{6}} = 4\sqrt{6} + \dfrac{\sqrt{6}}{6} = \dfrac{25\sqrt{6}}{6}$

(17)(与式)$= \dfrac{5 + 2\sqrt{15} + 3}{2} + \dfrac{5 - 3}{2} - \dfrac{5 - 2\sqrt{15} + 3}{2} =$

$1 + 2\sqrt{15}$

(18)(与式)$= \dfrac{5 \times 4 \times \sqrt{8 \times 3}}{3\sqrt{3} \times 7\sqrt{8}} = \dfrac{20}{21}$

2 (1)$\sqrt{16} = +4$、$-\sqrt{16} = -4$ である。

(2)イ：例えば、$\sqrt{2} + \sqrt{3} \neq \sqrt{5}$ である。ウ：$\sqrt{(-a)^2}$
$= a$ である。エ：a の平方根は $\pm\sqrt{a}$ である。

(3)$\sqrt{2}$ と π が無理数。$\sqrt{9}$ は3になるので整数で有理数、
$\dfrac{5}{7}$ と -0.6 は有理数。

3 (1)$x + y = (5 + \sqrt{3}) + (5 - \sqrt{3}) = 10$、となるので、

$x^2 + 2xy + y^2 = (x + y)^2 = 10^2 = 100$

(2)$\dfrac{1}{x} = \dfrac{1}{2 + \sqrt{3}} = \dfrac{(2 - \sqrt{3})}{(2 + \sqrt{3})(2 - \sqrt{3})} = \dfrac{2 - \sqrt{3}}{4 - 3} =$

$2 - \sqrt{3}$、$\dfrac{1}{y} = \dfrac{1}{2 - \sqrt{3}} = \dfrac{2 + \sqrt{3}}{(2 - \sqrt{3})(2 + \sqrt{3})}$

$\dfrac{2 + \sqrt{3}}{4 - 3} = 2 + \sqrt{3}$ となるので、$1 + \dfrac{1}{x} = 1 + 2 - \sqrt{3}$

$= 3 - \sqrt{3}$、$1 + \dfrac{1}{y} = 1 + 2 + \sqrt{3} = 3 + \sqrt{3}$、よって、

$\left(1 + \dfrac{1}{x}\right)\left(1 + \dfrac{1}{y}\right) = (3 - \sqrt{3})(3 + \sqrt{3}) = 9 - 3 = 6$

4 $189 = 3^3 \times 7$ より、$\sqrt{189n} = 3\sqrt{3 \times 7 \times n}$、よって、
$\sqrt{189n}$ の値が自然数となるような最も小さい n の値は、
$3 \times 7 = 21$ となる。

5 $3 < \sqrt{11} < 4$ なので、$a = 3$ となる。$\sqrt{11} = 3 + b$ と
なるので $b = \sqrt{11} - 3$　$a^2 - b^2 - 6b = 9 - b(b + 6)$
$= 9 - (\sqrt{11} - 3)(\sqrt{11} + 3) = 9 - (11 - 9) = 7$

7 1次方程式　本冊 P.034,035

解答

1 (1)$x = \dfrac{1}{2}$　(2)$x = 5$　(3)$x = 6$　(4)$x = 4$

(5)$x = 5$　(6)$x = -3$　(7)$x = 4$　(8)$x = 1$

(9)$x = 9$　(10)$x = 4$

2 (1)15　(2)$x = 18$　(3)$x = \dfrac{5}{2}$　(4)$a = 16$

3 8000

4 400 円

5 38 人

6 360 g

7 2000 円

8 7 人

9 そうたさんが勝った回数　12 回

　　ゆうなさんが勝った回数　10 回

　　（求める過程の例）　そうたさんが勝った回数を x
回とすると、じゃんけんは全部で30回行い、あい
この数が8回であるので、負けた回数は $(22 - x)$ と
表せる。すると、そうたさんがもらったすべてのメ
ダルの重さは、$5 \times 2 \times x + 4 \times (22 - x) + (5 + 4) \times 8 = 232$

これを解くと、$10x + 88 - 4x + 72 = 232$、$x = 12$
これは問題に適している。

したがって、そうたさんが勝ったのは12回、

ゆうなさんが勝ったのは、$30 - 8 - 12 = 10$（回）とな
る。

10 756

（求める過程の例）　はじめの自然数の十の位の数を x

とすると、百の位の数は$(x+2)$となり、各位の数の和は18なので、一の位は、$18-(x+2)-x=16-2x$となる。したがって、はじめの自然数は、$100(x+2)+10x+(16-2x)=108x+216$　と表せる。また、百の位の数字と一の位の数字を入れかえてできる自然数は、$100(16-2x)+10x+(x+2)=-189x+1602$　となり、これははじめの自然数より99小さい数なので、$108x+216-99=-189x+1602$

これを解くと、$297x=1485$、$x=5$

これは問題に適している。

よって、はじめの自然数は756となる。

▌解説

1 (2)（　）をはずすと、$5x-7=9x-27$となるので、$5x-9x=-27+7$、$x=-20\div(-4)=5$

(3)両辺に2をかけて、$3x+2=20$、これから、$x=(20-2)\div3=6$

(5)（　）をはずすと、$-4x+2=9x-63$となるので、$x=(63+2)\div(9+4)=5$

(7)両辺に3をかけて、$2x+4=12$、これから、$x=(12-4)\div2=4$

(9)（　）をはずすと、$9x+4=5x+40$となるので、$x=(40-4)\div(9-5)=9$

2 (1)$8x=3\times40$となるので、これから、$x=15$

(2)$2x=12\times3$となるので、これから、$x=18$

(3)$5(x-1)=3x$となるので、これから、$x=\dfrac{5}{2}$

(4)$x=7$を方程式に代入して、$2\times7-a=-7+5$、これをaについて解いて、$a=16$

3 4月の観光客数をx人とすると、5月の観光客数は$(1+0.05)x$人となるので、$1.05x=8400$、これを解いて、$x=8000$（人）となる。

4 子ども1人の入園料をx円とすると、大人1人の入園料は$(x+600)$円となる。大人1人の入園料と子ども1人の入園料の比が$5:2$であることから、$(x+600):x=5:2$となる。これを解いて、$x=400$（円）となる。

5 クラスの人数をx人として材料費を表すと、$300x+2600=400x-1200$となるので、これから、$x=38$（人）となる。

6 4%の食塩水の重さをxgとすると、9%の食塩水の重さは$(600-x)$gとなる。4%の食塩水にふくまれる食塩の重さは$0.04x$g、9%の食塩水にふくまれる食塩の重さは$0.09(600-x)$g、この2つの合計が6%

の食塩水600gにふくまれる食塩の重さ0.06×600（g）と等しくなるので方程式は、$0.04x+0.09(600-x)=0.06\times600$となる。これから、$x=360$（g）となる。

7 ワイシャツ1着の定価をx円とすると、定価の3割引の値段は$(1-0.3)x$、この値段で3着買って、定価で$(5-3)$着買ったときの代金が8200円だったので、方程式は、$3\times(1-0.3)x+(5-3)\times x=8200$となる。これから、$4.1x=8200$、よって、$x=2000$（円）となる。

8 友人の人数をx人として、4個ずつ配ったときのロールパン全部の個数を式に表すと$4x+9$、6個ずつ配ったときのロールパン全部の個数は$6x-5$、これらが等しいので、$4x+9=6x-5$となり、これを解いて、$x=7$

---

8 連立方程式　本冊 P.038,039

▌解答

1 (1)$x=1$、$y=-2$　　(2)$x=2$、$y=-3$

(3)$x=2$、$y=7$　　(4)$x=2$、$y=-1$

(5)$x=3$、$y=-1$　　(6)$x=1$、$y=-5$

(7)$x=9$、$y=2$　　(8)$x=4$、$y=2$

(9)$x=-5$、$y=1$　　(10)$x=-1$、$y=6$

(11)$x=3$、$y=-2$　　(12)$x=1$、$y=-3$

(13)$x=3$、$y=2$　　(14)$x=-1$、$y=4$

(15)$x=\dfrac{5}{2}$、$y=-\dfrac{1}{2}$　　(16)$x=8$、$y=-4$

2 大きい袋 17枚、小さい袋 23枚

（途中の計算の例）　$x+y=40$…①

$5x+3y+57=7x+4y$…②

②より、$2x+y=57$…③

③-①より、$x=17$

①に代入して、$17+y=40$、$y=40-17=23$

3 ①$x+y$　②$\dfrac{x}{60}+\dfrac{y}{160}$　③840　④960

4
$$\begin{cases} \text{スイセンの球根162個} \\ \text{チューリップの球根54個} \end{cases}$$

（途中の計算の例）　大きいプランターをx個、小さいプランターをy個とすると

$$\begin{cases} x+y=45 & \cdots① \\ 6x+2y+2y=216 & \cdots② \end{cases}$$

②を整理すると、$3x+2y=108$ …③

③−①×2より、$x = 18$

これを①に代入すると、$18 + y = 45$、$y = 27$

スイセンの球根は、$6 \times 18 + 2 \times 27 = 162$（個）

チューリップの球根は、$2 \times 27 = 54$（個）

5 $a = 5$、$b = 12$

（求める過程の例）　箱Aに入っているクッキーの枚数はa枚なので、箱Cに入っているクッキーの枚数は$2a$（枚）となる。$a + b + 2a = 27$から、

$3a + b = 27$…①

また、$8a + 4b + 3 \times 2a = 118$から、$14a + 4b$

$= 118$…②

①、②を連立方程式としてa、bについて解くと、$a = 5$、$b = 12$

解説

1 (1)第1式の両辺に2をかけて、$8x - 6y = 20$、第2式の両辺に3をかけて、$9x + 6y = -3$、これら2つの式をたすと、$17x = 17$、よって、$x = 1$、$y = -2$

(2)第2式の両辺に2をかけると、$6x - 2y = 18$、これと第1式をたすと、$11x = 22$、これから$x = 2$、$y = -3$

(3)$y = 3x + 1$を第1式に代入して、$2x + 3x + 1 = 11$、これから、$x = 2$、$y = 3 \times 2 + 1 = 7$

(4)第1式を3倍したものから第2式をひくと、

$(-9 - 5)y = 15 - 1$、これから、$y = -1$、$x = 2$

(13) $\begin{cases} 3x - 2y = 5 & \cdots① \\ -x + 4y = 5 & \cdots② \end{cases}$ の連立方程式にする。

①＋②×3から、$(12 - 2)y = 15 + 5$、$y = 2$、$x = 3$

(14)第1式の（　）をはずすと、$y = 4x + 8$、これを第2式に代入すると、$6x - (4x + 8) = -10$となるので、$2x = -2$、よって、$x = -1$

$y = 4 \times (-1) + 8 = 4$

(15)第2式の両辺に10をかけて、$3x - 5y = 10$、この式と第1式を連立させて解く。

(16)第1式の両辺に8をかけて、$7x + 12y = 8$、第2式の両辺に3をかけて、$2x - 5y = 36$、これらの連立方程式を解く。

2 りんごの個数をxとyを使って表すと、大きい袋に5個ずつ、小さい袋に3個ずつ入れたところ57個余ったことから、$5x + 3y + 57$と表せる。また、大きい袋に7個ずつ、小さい袋に4個ずつ入れるとちょうど入れることができたので、$7x + 4y$とも表せる。両者が等しいので、②の方程式を作ることができる。

3 ①歩いた道のりと走った道のりの和が1800 mなの

で、$x + y = 1800$

②x mを歩くのにかかった時間は$\dfrac{x}{60}$（分）、y mを走るのにかかった時間は$\dfrac{y}{160}$（分）、この和が20分、

よって$\dfrac{x}{60} + \dfrac{y}{160} = 20$

③60と160の最小公倍数480を②の両辺にかけて、$8x + 3y = 9600$、これに①から、$y = 1800 - x$を代入して、$8x + 3(1800 - x) = 9600$、$5x + 5400 = 9600$、よって、$x = 840$

④$y = 1800 - x = 1800 - 840 = 960$

4 先にチューリップの球根を、$2 \times 27 = 54$（個）と求めてから、スイセンの球根を、$216 - 54 = 162$（個）と求めてもよい。

5 ①から、$b = 27 - 3a$、これを②に代入すると、$14a + 4(27 - 3a) = 118$、$2a + 108 = 18$、よって、$a = 5$、$b = 27 - 3 \times 5 = 12$

---

9 **2次方程式**　本冊 P.042,043

解答

1 (1)$x = 0$、6　(2)$x = -8 \pm \sqrt{2}$　(3)$x = -2 \pm \sqrt{7}$

(4)$x = -7$、2　(5)$x = -3$、4　(6)$x = 5$、-7

(7)$x = -3$、7　(8)$x = \dfrac{1}{5}$、-1　(9)$x = \dfrac{1 \pm \sqrt{17}}{2}$

(10)$x = \dfrac{-3 \pm \sqrt{13}}{4}$　(11)$x = \dfrac{3 \pm \sqrt{29}}{2}$

(12)$x = \dfrac{3 \pm \sqrt{33}}{4}$　(13)$x = -3$、2

(14)$x = \dfrac{-5 \pm \sqrt{13}}{2}$　(15)$x = \dfrac{5 \pm \sqrt{17}}{4}$

(16)$x = -1$、3　(17)$x = -3$、7　(18)$x = 3$、-6

(19)$x = 3$、$\dfrac{5}{2}$　(20)$x = \dfrac{1 \pm \sqrt{13}}{2}$

2 (1)$x = \dfrac{1 \pm \sqrt{33}}{2}$　(2)(ア)$a = 7$　(イ)$x = -8$

3 $x = -1 \pm \sqrt{15}$　（途中の式の例）$x^2 + 2x + 1 - 15$
$= 0$　として　$(x + 1)^2 = 15$
$x + 1 = \pm \sqrt{15}$　から　$x = -1 \pm \sqrt{15}$

4 $x = -3$

5 $a = 7$、$x = 5$

6 8、9

7 (1)20枚　(2)145枚　(3)24番目

解説

1 (9)解の公式をつかって、

$$x = \frac{-(-1) \pm \sqrt{(-1)^2 - 4 \times 1 \times (-4)}}{2 \times 1} = \frac{1 \pm \sqrt{17}}{2}$$

(17)整理すると、$x^2 - 4x - 21 = 0$

(18)整理すると、$x^2 + 3x - 18 = 0$

(19)整理すると、$2x^2 - 11x + 15 = 0$

(20)整理すると、$x^2 - x - 3 = 0$

2 (2)(ア)$x = 1$を与えられた2次方程式に代入すると、$1^2 + a - 8 = 0$となるので、$a = 7$

(イ)$a = 7$を与えられた2次方程式に代入すると、$x^2 + 7x - 8 = 0$となるので、因数分解をして、$(x - 1)(x + 8) = 0$、よって他の解は$x = -8$となる。

4 $x^2 - 2ax + 3 = 0$に$x = -1$を代入して、$(-1)^2 - 2a \times (-1) + 3 = 0$となるので、$a = -2$となる。$a = -2$をもとの2次方程式に代入すると、$x^2 + 4x + 3 = 0$となるので、因数分解して、$(x + 3)(x + 1) = 0$よって、

$x = -1$以外の解は$x = -3$となる。

5 $x = 3$を方程式に代入すると、$3^2 - 8 \times 3 + 2a + 1 = 0$、これから、$2a = 14$、よって、$a = 7$　$a = 7$をもとの2次方程式に代入すると$x^2 - 8x + 15 = 0$　因数分解すると、$(x - 3)(x - 5) = 0$となるので、もう1つの解は、$x = 5$

6 連続する2つの自然数をn、$n + 1$とすると、$n(n + 1) = n + (n + 1) + 55$より、$n$についての2次方程式が、$n^2 - n - 56 = 0$となるので、$(n - 8)(n + 7) = 0$と因数分解できる。$n$は自然数なので、$n > 0$、よって、$n = 8$。連続する自然数$n$、$n + 1$は8と9になる。

7 (1)n番目の図形のタイルAの枚数は、$n \times 4 = 4n$(枚)であるとわかる。これより、5番目の図形のタイルAの枚数は、$5 \times 4 = 20$(枚)

(2)n番目の図形のタイルBの枚数は、下の図より、$n^2 + (n - 1)^2$(枚)ある。

4番目の図形

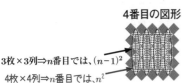

3枚×3列⇒n番目では、$(n-1)^2$
4枚×4列⇒n番目では、n^2

よって、9番目の図形のタイルBの枚数は、$9^2 + 8^2 = 81 + 64 = 145$(枚)

(3) (1)、(2)より、n番目の図形について、タイルAは、$4n$枚。タイルBは、$n^2 + (n - 1)^2 = 2n^2 - 2n + 1$(枚)。タイルAの枚数がタイルBの枚数より1009枚少なくなるとき、$2n^2 - 2n + 1 - 1009 = 4n$、これを解いていくと、$(n + 21)(n - 24) = 0$ $n > 0$より、$n = 24$(番目)

10 方程式の利用 　本冊 P.046,047

解答

1 (1)$(x - 4)$歳　(2)25歳

2 大人900円　子ども400円

3 学校から公園までの道のり　1200 m

　　公園から動物園までの道のり　2800 m

4 24匹

5 男子100人　女子120人

6 $x = 3$

解説

1 (1)AさんはBさんより4歳年上なので、Bさんの年齢は$x - 4$(歳)と表せる。

(2)AさんとBさんの年齢を合わせて2倍するとCさんの年齢と等しくなるので、Cさんの年齢は$2(x + x - 4) = 4x - 8$(歳)と表せる。18年後は、AさんとBさんの年齢を合わせると、Cさんの年齢と等しくなるので $x + 18 + x - 4 + 18 = 4x - 8 + 18$　整理して、$2x + 32 = 4x + 10$、$2x = 22$、$x = 11$

Aさんは現在11歳で、Cさんの年齢は、$4 \times 11 - 8 = 36$(歳)　よって、CさんはAさんより、$36 - 11 = 25$(歳)年上となる。

2 $\begin{cases} 2x + 5y = 3800 & \cdots ① \\ 0.8(5x + 10y) = 6800 & \cdots ② \end{cases}$

②は、$4x + 8y = 6800$だから$x + 2y = 1700 \cdots ③$

①$-$③$\times 2$より、$y = 3800 - 1700 \times 2 = 400$

③から、$x = 1700 - 2y = 1700 - 400 \times 2 = 900$

3 学校から公園までの道のりをxm、公園から動物園までの道のりをymとすると

$\begin{cases} x + y = 80 \times 50 & \cdots ① \\ \dfrac{x}{60} + \dfrac{y}{70} + 10 = 70 & \cdots ② \end{cases}$

②$\times 420$とすると、

$7x + 6y + 4200 = 420 \times 70 = 29400$

これから、$7x + 6y = 29400 - 4200 = 25200 \cdots$③

①から、$y = 4000 - x$なので、これを③に代入すると、

$7x + 6(4000 - x) = x + 24000 = 25200$

$x = 25200 - 24000 = 1200$、$y = 4000 - 1200 = 2800$

4 移動前の水槽A、Bのメダカの数をそれぞれ、x匹、y匹とすると、

$$\begin{cases} x + y = 86 & \cdots① \\ \dfrac{1}{5}x + \dfrac{1}{3}y = \dfrac{4}{5}x - 4 & \cdots② \end{cases}$$

②×15から、$3x + 5y = 12x - 60$

整理して$9x - 5y = 60$　これに①より$y = 86 - x$を代入して、$9x - 5(86 - x) = 14x - 430 = 60$

よって、$x = 35$、$y = 51$

水槽Cに移したメダカは、$\dfrac{4}{5} \times 35 - 4 = 24$（匹）

5 9月に図書館を利用した男子をx人、女子をy人とすると、

$$\begin{cases} x + y = 253 - 33 & \cdots① \\ \dfrac{21}{100}x + \dfrac{10}{100}y = 33 & \cdots② \end{cases}$$

②の両辺を100倍して、$21x + 10y = 3300$

①から、$y = 220 - x$を代入して、

$21x + 10(220 - x) = 3300$

よって、$x = 100$　$y = 220 - 100 = 120$

6 直方体QおよびRの体積は、それぞれ

$2(4 + x)(7 + x)$

$4 \times 7 \times (2 + x)$

と表せる。これらが等しくなるので、

$2(4 + x)(7 + x) = 4 \times 7 \times (2 + x)$

よって、$x^2 + 11x + 28 = 14x + 28$、$x^2 - 3x = 0$

$x(x - 3) = 0$より、$x = 0$、3

$x > 0$であるから、$x = 3$

---

11 比例と反比例　本冊 P.050,051

解答

1 (1)$y = -\dfrac{3}{2}x$　(2)$y = -3$　(3)$y = \dfrac{8}{x}$

(4)$y = -6$　(5)$y = -2$　(6)$-\dfrac{10}{3}$

2 (1)エ　(2)イ、エ

---

3 (1)$y = \dfrac{4000}{x}$　(2)6分40秒

4 $a = 7$

5 (1)ア、ウ

(2)① $a = 12$　② $\dfrac{3}{2} \leqq y \leqq 4$　(3)$a = 2$、3、5

解説

1 (2)$y = -6x$　(4)$y = -\dfrac{18}{x}$

(5)$y = \dfrac{20}{x}$　(6)$y = -\dfrac{10}{x}$

2 (1)アは$y = 6x + 30$、イは$y = \dfrac{500}{x}$、

ウは$y = 140 - x$、エは$y = 25x$

(2)アは$y = x^3$、イは$x \times y = 35$より$y = \dfrac{35}{x}$、

ウは$y = 4x$、エは$y = \dfrac{15}{x}$

3 (1)$y = \dfrac{a}{x}$とおく。$8 = \dfrac{a}{500}$、$a = 4000$

よって、$y = \dfrac{4000}{x}$

(2)$x = 600$より、$y = \dfrac{4000}{600} = \dfrac{400}{60} = 6 + \dfrac{40}{60}$

よって、6分40秒

4 Bは$y = -\dfrac{5}{4}x$のグラフでx座標が2である点なので、そのy座標は$y = -\dfrac{5}{4} \times 2 = -\dfrac{5}{2}$

AB = 6なので、Aのy座標は、$6 - \dfrac{5}{2} = \dfrac{7}{2}$

Aの座標は$\left(2, \dfrac{7}{2}\right)$となる。この点を$y = \dfrac{a}{x}$が通るので、$a = 2 \times \dfrac{7}{2} = 7$

5 (1)アは$y = \dfrac{20}{x}$、イは$y = 6x$、ウは$y = \dfrac{1000}{x}$、エは$y = \pi x^2 \times \dfrac{120}{360} = \dfrac{\pi}{3}x^2$

(2)② $y = \dfrac{12}{x}$から、$x = 3$のとき、$y = \dfrac{12}{3} = 4$、$x = 8$のとき、$y = \dfrac{12}{8} = \dfrac{3}{2}$、よって、$\dfrac{3}{2} \leqq y \leqq 4$

(3)aは6以下の正の整数なので、aは1、2、3、4、5、6のいずれかとなる。$a = 1$のとき、$y = \dfrac{1}{x}$のグラフ上の点のうち、x座標とy座標がともに整数である点は点$(1、1)$、点$(-1、-1)$の2個、$a = 2$のときはグラフは$y = \dfrac{2}{x}$となるので、点$(1、2)$、点$(2、1)$、点$(-1、-2)$、点$(-2、-1)$の4個、$a = 3$のときはグラフは$y = \dfrac{3}{x}$となるので、点$(1、3)$、点$(3、1)$、点$(-1、-3)$、点$(-3、-1)$の4個、$a = 4$のときはグラフは$y = \dfrac{4}{x}$となるので、点$(1、4)$、点$(2、2)$、点$(4、1)$、点$(-1、-4)$、点$(-2、-2)$、点$(-4、-1)$の6個、$a = 5$のときはグラフは$y = \dfrac{5}{x}$となるので、点$(1、5)$、点$(5、1)$、点$(-1、-5)$、点$(-5、-1)$の4個、$a = 6$のときはグラフは$y = \dfrac{6}{x}$となるので、点$(1、6)$、点$(2、3)$、点$(3、2)$、点$(6、1)$、点$(-1、-6)$、点$(-2、-3)$、点$(-3、-2)$、点$(-6、-1)$の8個。

12　1次関数

本冊 P.054,055

解答

1 カ

2 (1)$y = \dfrac{1}{2}x + 1$　(2)$y = 2x + 3$

3 A$(4、0)$

4 (1)ウ　(2)$y = \dfrac{4}{3}x - \dfrac{20}{3}$

5
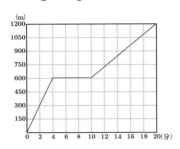

6 (1)-1　(2)式：$a + \dfrac{b}{2} = 12$、$a = 11$、$b = 2$

解説

1 図の1次関数$y = ax + b$のグラフは右下がりなので、$a < 0$、また、切片が正なので、$b > 0$。関数$y =$

$\dfrac{c}{x}$のグラフの位置から$c < 0$となる。

2 (1)$y = ax + b$とおいて、2点$(4、3)$、$(-2、0)$を通るから、$3 = 4a + b$…①、

$0 = -2a + b$…②、①と②をaとbの連立方程式として解くと、$a = \dfrac{1}{2}$、$b = 1$

よって、$y = \dfrac{1}{2}x + 1$

(2)$y = ax + b$とおいて、2点$(-1、1)$、$(2、7)$を通るから、$1 = -a + b$…①、

$7 = 2a + b$…②、①と②をaとbの連立方程式として解くと、$a = 2$、$b = 3$、よって、$y = 2x + 3$

3 点Aのy座標は0なので、$y = -2x + 8$に$y = 0$を代入して、$0 = -2x + 8$、これから、$x = 4$なので、点Aの座標は$(4、0)$となる。

4 (1)bの値は変えないので、$b = 0$である。したがって、グラフは原点を通る。aの値が1より大きくなると、グラフの傾きが大きくなるので、ウとなる。

(2)直線OAの傾きは$\dfrac{4}{3}$なので、直線ℓの傾きも$\dfrac{4}{3}$となる。この直線の式は、$y = \dfrac{4}{3}x + b$と表せる。点$(5、0)$を通るので、$0 = \dfrac{4}{3} \times 5 + b$、これから、$b = -\dfrac{20}{3}$、よって、直線$\ell$の式は、$y = \dfrac{4}{3}x - \dfrac{20}{3}$

5 花屋から駅までの道のりは、$1200 - 600 = 600$（m）、この道のりを毎分60mの速さで歩いたので、かかった時間は、$\dfrac{600}{60} = 10$（分）となる。家を出発してから駅に着くまで20分かかったので、花屋を出発したのは駅に着く、$20 - 10 = 10$分前となる。グラフは、4分から10分までは600mで一定で、10分から20分までは600mから1200mまでの直線となる。

6 (1)変化の割合が-3なので、yの増加量は、$（x$の増加量$） \times (-3) = (5 - 2) \times (-3) = -9$　よって、$x = 5$のときのyの値は、$8 + (-9) = -1$

（あるいは、$-3 = \dfrac{y\text{の増加量}}{x\text{の増加量}} = \dfrac{y - 8}{5 - 2}$、から、

$y = -1$）

(2)$y = -x + a$のグラフとy軸との交点の座標Rは$(0、a)$、x軸との交点は$y = 0$なので、

$P(a, 0)$　同様に、$S(0, b)$、$Q\left(-\dfrac{b}{2}, 0\right)$

これから、$PQ = a - \left(-\dfrac{b}{2}\right) = a + \dfrac{b}{2} = 12 \cdots$①

$RS = a - b = 9 \cdots$②　②から $a = b + 9$ を①に代入して、

$b + 9 + \dfrac{b}{2} = 12$、よって、$b = 2$、$a = 2 + 9 = 11$

13 関数 $y = ax^2$

本冊 P.058,059

解答

1 (1)$a = \dfrac{3}{8}$、$b = \dfrac{27}{2}$　(2)$a = \dfrac{7}{36}$　(3)$a = -4$

(4)$-48 \leqq y \leqq 0$　(5)$-48 \leqq y \leqq 0$

2 (1)$(-4、-2)$　(2)$a = \dfrac{1}{8}$

(3)①ア -8　イ 0　ウ 8　②$\dfrac{8}{5}$

3 (1)

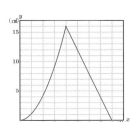

(2)3秒後、5.75秒後

4 (1)$y = \dfrac{9}{2}$　(2)①$y = \dfrac{1}{2}x^2$　②$a = 4$、$b = \dfrac{11}{2}$

解説

2 (3)①ACとy軸との交点をPとする。△AOP ≡ △BODより、面積比 △AOP：△COP $= 1 : (3 - 1) = 1 : 2$ である。これは、底辺を OP とみたときの高さの比に等しいので、点Cのx座標は、$-\left(4 \times \dfrac{2}{1}\right) = -8$

②△ACEの3辺の長さの和は、辺ACの長さは変わらないので、AE + CEの長さが最小のときに、最小になる。AE + CEが最小となる点Eの位置は、$C(-8、8)$とx軸について対称な点$C'(-8、-8)$をとり、これとA$(4、2)$を通る直線をひいたときのx軸との交点にとればよい。

3 (1)$0 \leqq x \leqq 4$のとき、AP $= 2x$cm、AQ $= x$cm

なので、△APQの面積は、$\dfrac{1}{2} \times 2x \times x = x^2$(cm^2)

$4 \leqq x \leqq 8$のとき、AP $= 8 - (2x - 8) = -2x + 16$(cm)、

△APQの高さは一定でAD $= 4$cmなので、△APQの面積は、$\dfrac{1}{2} \times (-2x + 16) \times 4 = -4x + 32$

(2)台形ABCDの面積は、$\dfrac{1}{2} \times (4 + 8) \times 4 = 24$(cm^2)

なので、△APQが、$24 \times \dfrac{3}{3 + 5} = 9$(cm^2)になるときの時間を求めればよい。(1)で求めた2式にそれぞれ$y = 9$を代入して、$9 = x^2$、$x = \pm 3$より、3秒後。また、$9 = -4x + 32$、$x = 5.75$より、5.75秒後。

4 (2)②グラフより、次の図のような関係になる。

グラフが放物線のとき…辺QRが辺ADと交わる

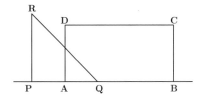

グラフが右上がりの直線のとき…点Dが辺QR上にあるときから、ADとPRが重なるまで

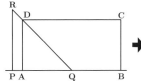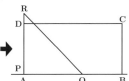

グラフがx軸に平行な直線のとき…PRがADより右側にあるとき

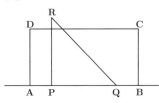

$x = 4$のときQRが点Dを通るので、$a = 4$

点Pが点Aより右側にあるときは$y = 14$で一定で、このとき面積を求める図形は台形になるので、

$14 = \dfrac{1}{2} \times (ST + PQ) \times 4 = \dfrac{1}{2} \times (SR + PQ) \times 4 = \dfrac{1}{2}$

$\times (b - 4 + b) \times 4$、$b = \dfrac{11}{2}$

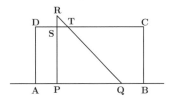

14 関数と図形の融合問題　本冊 P.062,063

解答

1 54cm²

2 (1)あ…2　(2)①イ　②ア　(3)12

3 C(8、0)

4 (1)−9≦y≦0　(2)5個

　　(3)P(−4、0)　(4)$a = \dfrac{8}{9}$

解説

1 点A、Bの座標を求めると、Aのy座標は、
$2 \times (-3)^2 = 18$、Bのy座標は、$2 \times 2^2 = 8$
よって、A(−3、18)、B(2、8)となる。直線ℓはA、Bを通るので、直線ℓの式を$y = ax + b$とおくと、$18 = -3a + b$、$8 = 2a + b$なのでこの連立方程式を解いて、$a = -2$、$b = 12$。直線ℓの式は、
$y = -2x + 12$となるので、これからCの座標を求めると、$0 = -2x + 12$、$x = 6$より、C(6、0)となる。△AOCは底辺6cm、高さ18cmであることから、その面積は、$6 \times 18 \div 2 = 54\,(\text{cm}^2)$。

2 (1)点Pは直線ℓ上にあるので、$y = 10$を$y = -2x + 14$に代入して、$10 = -2x + 14$、$x = 2$となる。

(2)点Pのx座標が4のとき、y座標は、$-2 \times 4 + 14 = 6$となる。直線mはP(4、6)と
A(−12、−2)を通るので、直線mの式を
$y = ax + b$とおいて、$6 = 4a + b$、
$-2 = -12a + b$、この連立方程式を解いて、
$a = \dfrac{1}{2}$、$b = 4$。

(3)Bの座標は(0、14)である。Pの座標は
$(x、-2x + 14)$と表せる。すると、Qの座標は$(x、2x - 14)$となる。△APBの面積と△APQの面積が等しくなるときは、この2つの三角形の底辺APに対する高さが等しくなればよいので、直線BQは直線mに平行になる。直線BQの傾きは、
$\dfrac{2x - 14 - 14}{x - 0} = \dfrac{2x - 28}{x}$　直線mの傾きは、
$\dfrac{-2x + 14 - (-2)}{x - (-12)} = \dfrac{-2x + 16}{x + 12}$　よって、$\dfrac{2x - 28}{x}$
$= \dfrac{-2x + 16}{x + 12}$から、$x^2 - 5x - 84 = 0$、$(x - 12)(x + 7)$
$= 0$、xは7より大きい数なので、$x = 12$となる。

3 点A、Bは関数$y = \dfrac{2}{x}$のグラフ上にあるので、A(1、2)、B$\left(3、\dfrac{2}{3}\right)$である。直線ABがx軸と交わる点をPとすると、
(△AOBの面積):(△ABCの面積) = OP:PCである。△AOBの面積と△ABCの面積が等しいことから、OP:PC = 1:1となり、PはOCの中点となる。直線ABの式の傾きは、$\dfrac{(y\text{の増加量})}{(x\text{の増加量})} = \dfrac{\dfrac{2}{3} - 2}{3 - 1} = -\dfrac{2}{3}$となるので、$y = -\dfrac{2}{3}x + b$とおいてA(1、2)より、$2 = -\dfrac{2}{3} + b$、$b = \dfrac{8}{3}$

よって、直線ABの式は、$y = -\dfrac{2}{3}x + \dfrac{8}{3}$。Pの座標はy座標が0なので(4、0)となる。PはOCの中点なので、C(8、0)となる。

4 (1)$x = -6$のとき、yは最小で、$-\dfrac{1}{4} \times (-6)^2 = -9$、$x = 0$のときyは最大で0。よって、yの変域は$-9 \leq y \leq 0$。

(2)

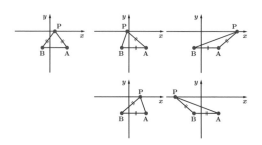

(3)Cのx座標が−2 なので、y座標は、
$-\dfrac{1}{4} \times (-2)^2 = -1$　C(−2、−1)とA(4、−4)を通る直線APの傾きは、$\dfrac{(y\text{の増加量})}{(x\text{の増加量})} = \dfrac{-4 - (-1)}{4 - (-2)} =$
$-\dfrac{1}{2}$となるので、$y = -\dfrac{1}{2}x + b$とおいて、
C(−2、−1)より、$-1 = -\dfrac{1}{2} \times (-2) + b$、

$b = -2$ となり、直線 AP の式は、$y = -\dfrac{1}{2}x - 2$ とな

る。P はこの直線上にあって $y = 0$ なので、

$0 = -\dfrac{1}{2}x - 2$ より $x = -4$、$P(-4, 0)$ となる。

(4) D の y 座標を求めると、$y = a \times (-3)^2 = 9a$

また、$x = -3$ のグラフと直線 AB との交点を Q とする

と、$Q(-3, -4)$ である。四角形 PABD の面積 = 台形

PAQD の面積 − 三角形 BQD の面積である。台形

PAQD の面積 $= \dfrac{1}{2} \times (PA + QD) \times AQ = \dfrac{1}{2} \times (4 + 4$

$+ 9a) \times (4 + 3) = \dfrac{7}{2}(8 + 9a)$

三角形 BQD の面積 $= \dfrac{1}{2} \times QD \times BQ = \dfrac{1}{2} \times (4 + 9a)$

$\times \left\{ -2 - (-3) \right\} = \dfrac{1}{2}(4 + 9a)$

よって、四角形 PABD の面積 $= \dfrac{7}{2}(8 + 9a)$

$- \dfrac{1}{2}(4 + 9a) = 27a + 26$、$27a + 26 = 50$

よって、$a = \dfrac{8}{9}$

15 平面図形

本冊 P.066,067

解答

1

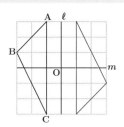

2 (1)

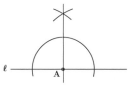

(2)

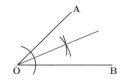

(3)

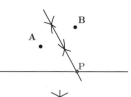

(4)

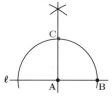

3 (1)

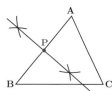

(2)

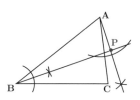

(3)

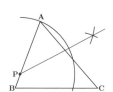

(4)

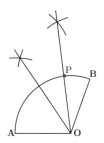

4 (1) $3\pi\,\mathrm{cm}$　(2) $\dfrac{50}{3}\pi\,\mathrm{cm}^2$

解説

2 (3) 線分 AB の垂直二等分線を作図し、直線 ℓ との交

点を P とする。

(4) 点 A を通る直線 ℓ の垂線を作図する。

点 A を中心とする半径 AB の円と、作図した垂線との

交点が C である。

3 (1) 点 P は辺 AB の中点となる。よって、辺 AB の垂

直二等分線と辺 AB との交点が P である。

(2)∠Bの二等分線と点Aを通る直線が垂直に交わるとき、その交点と点Aとの距離が最も短くなる。よって、∠Bの二等分線と、点Aを通る∠Bの二等分線の垂線との交点がPである。

(3)点Pを中心とし、点Aを通る円と辺BCとの交点をQとすると、△ABCを折ったときに点Aは点Qに重なる。よって、線分AQの垂直二等分線が折り目の直線となる。

(4)∠AOBの二等分線と$\overgroup{AB}$との交点をQとすると、点Pは∠QOBの二等分線と$\overgroup{AB}$との交点となる。

4 (1) $2\pi \times 9 \times \dfrac{60}{360} = 3\pi$ (cm)

(2) $\pi \times 5^2 \times \dfrac{240}{360} = \dfrac{50}{3}\pi$ (cm²)

---

16 空間図形　本冊 P.070,071

解答

1 (1)ウ、エ　(2)①面 AEHD（または面BFGC）
　　　　　②4本

2 (1)①エ　②$54\pi$ cm³　(2)$\dfrac{128}{3}\pi$ cm³

3 (1)$36\sqrt{6}$ cm³　(2)$4a^2$cm³　(3)$135°$

4 (1)36π cm²　(2)36π cm³　(3)イ　(4)12cm

解説

1 (1)ア、イ、オ、カは直線BCと交わる。

キは直線BCと平行である。

ウ、エは直線BCと交わらず、平行でもない。

よって、直線BCとねじれの位置にあるのは、ウ、エ。

(2)①面ABCD、面ABFEは辺ABと同じ平面上にあり、面DCGH、面HGFEは辺ABと平行である。したがって、辺ABと垂直な面は、面AEHDと面BFGCの2つある。

②辺ADとねじれの位置にある辺は、辺BF、辺CG、辺EF、辺HGの4本ある。

2 (1)①長方形ABCDを直線DCで1回転させると、底面の円の半径が3cm、高さが6cmの円柱になる。

②$(\pi \times 3^2) \times 6 = 54\pi$ (cm³)

(2)図形を直線 ℓ で1回転させると、半径4cmの半球になる。

よって、求める体積は、

$\dfrac{1}{2} \times \left(\dfrac{4}{3}\pi \times 4^3 \right) = \dfrac{128}{3}\pi$ (cm³)

3 (1)$\dfrac{1}{3} \times 6 \times 6 \times 3\sqrt{6} = 36\sqrt{6}$ (cm³)

(2)$a \times a \times 4 = 4a^2$ (cm³)

(3)$360° \times \dfrac{3}{8} = 135°$

4 (1)$4\pi \times 3^2 = 36\pi$ (cm²)

(2)$\dfrac{4}{3}\pi \times 3^3 = 36\pi$ (cm³)

(3)ア…円柱Bの底面積は、$\pi \times 3^2 = 9\pi$ (cm²)

球Aの表面積は、(1)より36π cm²だから、2倍にはならない。

イ…円柱Bの側面積は、$2\pi \times 3 \times 6 = 36\pi$ (cm²)

球Aの表面積は、(1)より36π cm²で等しくなる。

ウ…円柱Bの体積は、$\pi \times 3^2 \times 6 = 54\pi$ (cm³)

球Aの体積は(2)より36π cm³だから、$\dfrac{1}{3}$倍にならない。

エ…円柱Bの体積は、ウより54π cm³

球Aの体積は(2)より36π cm³だから、半分にならない。

よって、正しいのはイ。

(4)円錐Cの高さを$x$cmとすると、底面の円の半径は

3cmだから、体積は$\dfrac{1}{3} \times \pi \times 3^2 \times x$となる。

この体積が球Aの体積と等しいので、

$\dfrac{1}{3} \times \pi \times 3^2 \times x = 36\pi$　これを解いて$x = 12$

よって、円錐Cの高さは12cm

---

17 平行と合同　本冊 P.074,075

解答

1 (1)$115°$　(2)$35°$　(3)$100°$　(4)$45°$

2 (1)$34°$　(2)$50°$　(3)$17°$　(4)$144°$

3 (1)【証明】△APCと△DPBにおいて、

仮定より、AP = DP…①　CP = BP…②

対頂角は等しいから、

∠APC = ∠DPB…③

①、②、③より、2組の辺とその間の角がそれぞれ

等しいから、△APC ≡ △DPB

(2)【証明】△ABEと△ACDにおいて、

仮定より、AB = AC…①

∠ABE = ∠ACD…②

共通な角だから、∠BAE = ∠CAD…③

①、②、③より、1組の辺とその両端の角がそれぞ

れ等しいから、△ABE ≡ △ACD

(3)【証明】△ABQ と△PDQ において、

四角形 ABCD は長方形で、対角線 BD で折り返して

いるから、AB = PD…①

∠BAQ = ∠DPQ…②

対頂角は等しいから、

∠AQB = ∠PQD…③

三角形の内角の和は 180° だから、

∠ABQ = 180° − (∠BAQ + ∠AQB)

∠PDQ = 180° − (∠DPQ + ∠PQD)

②、③より、∠ABQ = ∠PDQ…④

①、②、④より、1組の辺とその両端の角がそれぞ

れ等しいから、△ABQ ≡ △PDQ

(4)【証明】△ABF と△DBG において、

仮定より、△ABC ≡ △DBE だから、

AB = DB…①　∠BAF = ∠BDG…②

∠ABC = ∠DBE…③

また、∠ABF = ∠ABC − ∠FBG…④

∠DBG = ∠DBE − ∠FBG…⑤

③、④、⑤より、∠ABF = ∠DBG…⑥

①、②、⑥より、1組の辺とその両端の角がそれぞ

れ等しいから、△ABF ≡ △DBG

合同な図形の対応する辺の長さは等しいから、

AF = DG

解説

1 (1)右の図のように、ℓ、

m と平行な線をひく。

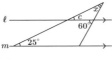

平行線の錯角は等しいから、

∠a = 180° − 135° = 45°

∠b = 70°

よって、∠x = ∠a + ∠b = 45° + 70° = 115°

(2)右の図で、ℓ //m よ

り、同位角は等しいから、

∠c = 25°

三角形の内角と外角の関係より、

∠x + 25° = 60°　∠x = 35°

(3)右の図で、ℓ //m より、

錯角は等しいから、

∠d = 180° − 150° = 30°

三角形の内角と外角の関係

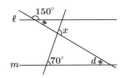

より、

∠x = 30° + 70° = 100°

(4)右の図で、三角形の内角

と外角の関係より、

∠CBD = 137° − 51° = 86°

ℓ //m より、同位角は等し

いから、∠ABD = 131°

よって、∠x = ∠ABD − ∠CBD = 131° − 86° = 45°

2 (1)三角形の内角と外角の関係より、

∠x + 50° = 29° + 55°　∠x = 84° − 50° = 34°

(2)五角形の外角の和は 360° より、

∠x = 360° − (110° + 40° + 90° + 70°) = 50°

(3)　∠x = 94° − (32° + 45°) = 17°

(4)正十角形の内角の和は、180° × (10 − 2)

= 1440°　よって、∠x は1つの内角だから、

1440° ÷ 10 = 144°

(別解)　正十角形の1つの外角は、360° ÷ 10

= 36°　∠x は1つの内角だから、

∠x = 180° − 36° = 144°

18 いろいろな三角形 [本冊 P.078,079]

解答

1 (1)∠x = 20°　∠y = 40°　∠z = 70°

(2)35°　(3)86°　(4)72°

2 (1)【証明】△ABE と△ACD において、

△ABC は二等辺三角形だから、AB = AC…①

∠ABE = ∠ACD…②

仮定より、BD = CE だから、

BD + DE = CE + DE　よって、BE = CD…③

①、②、③より、2組の辺とその間の角がそれぞれ

等しいから、△ABE ≡ △ACD

(2)【証明】△ADB と△AEC において、

仮定より、AD = AE…①　AB = AC…②

∠DAE = ∠BAC = 90°　また、

∠DAB = ∠DAE − ∠BAE = 90° − ∠BAE

∠EAC = ∠BAC − ∠BAE = 90° − ∠BAE

よって、∠DAB = ∠EAC…③

①、②、③より、2組の辺とその間の角がそれぞれ

等しいから、△ADB ≡ △AEC

(3)【証明】△BCD と△ACE において、

△ABC と△DCE は正三角形だから、

BC = AC…①　　CD = CE…②

∠BCD = ∠ACE = 60°…③

①、②、③より、2組の辺とその間の角がそれぞれ

等しいから、△BCD ≡ △ACE

(4)【証明】△ADFと△CFEにおいて、

仮定より、AD = BE = CF…①

よって、AD = CF…②

△ABCは正三角形だから、

∠DAF = ∠FCE…③　　AB = BC = CA…④

①、④より、AF = CA − CF = AB − AD

CE = BC − BE = AB − AD

よって、AF = CE…⑤

②、③、⑤より、2組の辺とその間の角がそれぞれ

等しいから、△ADF ≡ △CFE

(5)【証明】△APQと△ABCは正三角形だから、

AP = AQ…①　　AC = BC…②

∠PAQ = ∠BCA = 60°…③

AD//BCより、錯角は等しいから、

∠BCA = ∠CAD

③より、∠CAD = 60°…④

△APCと△AQDにおいて、③より、

∠PAC = ∠PAQ − ∠CAQ = 60° − ∠CAQ

④より、

∠QAD = ∠CAD − ∠CAQ = 60° − ∠CAQ

よって、∠PAC = ∠QAD…⑤

仮定より、AD = BCと②から、AC = AD…⑥

①、⑤、⑥より、2組の辺とその間の角がそれぞれ

等しいから、△APC ≡ △AQD

合同な図形の対応する辺の長さは等しいから、

CP = DQ

解説

1 (1)∠x = ∠ABD = 20°

∠y = ∠x + 20° = 20° + 20° = 40°

∠z = (180° − 40°) ÷ 2 = 70°

(2)∠AED = ∠FEC、∠ACB = ∠ABC = 65°より、

△CEFで外角の性質より、

∠AED = ∠ACB − ∠CFE = 65° − 30° = 35°

(3)右の図で、対頂角は等し

く、また、正三角形の1つ

の内角は60°だから、三角

形の内角と外角の関係より、

∠a = 26° + 60° = 86°

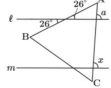

ℓ//mより、同位角は等しい

から、∠x = ∠a = 86°

(4)正五角形の1つの内角は、

180° × (5 − 2) ÷ 5 = 108°

△CDEは二等辺三角形だから、

∠ECD = (180° − 108°) ÷ 2 = 36°

同様にして、△DCBも二等辺三角形だから、

∠BDC = 36°

△FCDで、内角と外角の関係より、

∠x = ∠FCD + ∠FDC = 36° + 36° = 72°

---

19 特別な四角形　　本冊 P.082,083

解答

1 (1)∠x = 55°　(2)∠x = 30°　(3)25°　(4)78°

2 (1)【証明】△ABEと△CDFにおいて、

仮定より、∠AEB = ∠CFD = 90°…①

平行四辺形の対辺はそれぞれ等しいから、

AB = CD…②

また、AB//DCより錯角は等しいから、

∠ABE = ∠CDF…③

①、②、③より、直角三角形で斜辺と1つの鋭角が

それぞれ等しいから、△ABE ≡ △CDF

よって、AE = CF…④

また、∠AEF = ∠CFE = 90°から錯角が等しいの

で、AE//FC…⑤

④、⑤から、1組の対辺が平行でその長さが等しい

ので、四角形AECFは平行四辺形である。

(2)【証明】△ABFと△CDGにおいて、

仮定より、∠AFB = ∠CGD = 90°…①

平行四辺形の対辺はそれぞれ等しいから、

AB = CD…②

AB//CDより同位角は等しいから、

∠ABF = ∠DCE…③

二等辺三角形の2つの底角は等しいから、

∠CDG = ∠DCE…④

③、④より、∠ABF = ∠CDG…⑤

①、②、⑤より、直角三角形の斜辺と1つの鋭角が

それぞれ等しいから、△ABF ≡ △CDG

(3)【証明】△ADEと△HBFにおいて、

仮定より、DE = BF…①

AD//BCより錯角は等しいから、

∠ADE = ∠HBF…②

対頂角は等しいから、∠AED = ∠CEB

AC//GH より同位角は等しいから、

∠CEB = ∠HFB

したがって、∠AED = ∠HFB…③

①、②、③より、1組の辺とその両端の角がそれぞ

れ等しいから、△ADE ≡ △HBF

合同な図形の対応する辺の長さは等しいから、

AD = HB

(4)【証明】平行四辺形の対角線は、それぞれの中点で交

わるから、OA = OC…①　　OB = OD…②

仮定より、AE = CF…③

①、③より、OA − AE = OC − CF

よって、OE = OF…④

②、④より、対角線がそれぞれの中点で交わるから、

四角形EBFD は平行四辺形である。

(5)【証明】△DEG と △DCH において、

仮定より、DG = DH…①

CF = DF より △FDC は二等辺三角形で、2つの底

角は等しいから、

∠CDF = ∠DCF…②

AD//BC より錯角は等しいから、

∠ADC = ∠DCF…③

②、③より、∠ADC = ∠CDF

よって、∠EDG = ∠CDH…④

また、線分CE は∠BCD の二等分線だから、

∠BCE = ∠DCE…⑤

AD//BC より、錯角が等しいので、

∠DEC = ∠BCE…⑥

⑤、⑥より、∠DCE = ∠DEC だから、△DEC は二

等辺三角形となる。

よって、DE = DC…⑦

①、④、⑦より、2組の辺とその間の角がそれぞれ

等しいから、△DEG ≡ △DCH

解説

1 (1)∠EAF = (180° − 30°) ÷ 2 = 75°

平行四辺形の対角はそれぞれ等しいから、

∠BAD = ∠DCB = 130°

よって、∠x = 130° − 75° = 55°

(2)∠CED = ∠CDE = 50°

△EAC で内角と外角の関係より、

∠CAE = ∠CED − ∠ECA = 50° − 20° = 30°

AD//BC より錯角は等しいから、

∠x = ∠CAE = 30°

(3)∠FAB = 90° − 40° = 50°

∠ABF = (180° − 50°) ÷ 2 = 65°

よって、∠EBC = 90° − 65° = 25°

(4)∠FAG = 90° − 68° = 22°

AD//BC より錯角は等しいから、

∠GFA = ∠FBC = 56°

△AGF で内角と外角の関係より、

∠AGB = ∠FAG + ∠GFA = 22° + 56° = 78°

20 いろいろな証明　本冊 P.086,087

解答

1 (1)ⓐウ　ⓑア　ⓒイ

(2)ⓓAP、AQ は円Oの接線だから、

∠APO = ∠AQO = 90°…①

共通な辺だから、AO = AO…②

円Oの半径だから、OP = OQ…③

①、②、③より、直角三角形の斜辺と他の1辺がそ

れぞれ等しいから、△APO ≡ △AQO

2 【証明】△GDE と △CDF において、

仮定から、平行四辺形の対辺は等しく、折り返して

いるので、GD = CD…①

平行四辺形の対角は等しく、折り返しているので、

∠EGD = ∠FCD…②

∠GDF = ∠CDE…③

また、∠GDE = ∠GDF − ∠EDF…④

∠CDF = ∠CDE − ∠EDF…⑤

③、④、⑤より、∠GDE = ∠CDF…⑥

①、②、⑥より、1組の辺とその両端の角がそれぞ

れ等しいから、△GDE ≡ △CDF

3 【証明】△BFH と △DEG において、

AD//BC より錯角は等しいから、

∠FBH = ∠EDG…①

ひし形の対角は等しく、折り返しているから、

∠BAD = ∠BCD = ∠DHF = ∠BGE

この4つの角の大きさを∠x とすると、

∠BHF = ∠DGE = 180° − ∠x…②

また、BH = BD − DH、DG = DB − BG で、

AB = CD = BG = DH だから、

BH = DG…③

①、②、③より、1組の辺とその両端の角がそれぞ

れ等しいから、△BFH ≡ △DEG

4 45°

【説明】△AEDと△CGDにおいて、

四角形ABCDは正方形だから、AD = CD…①

四角形DEFGは正方形だから、ED = GD…②

また、∠ADE = 90° − ∠EDC、

∠CDG = 90° − ∠EDCより、

∠ADE = ∠CDG…③

①、②、③より、2組の辺とその間の角がそれぞれ

等しいから、△AED ≡ △CGD

合同な図形の対応する角の大きさは等しいから、

∠DAE = ∠DCG

したがって、∠DCG = 45°である。

5 【証明】右の図で、四角形
PEFGは、4つの角が等
しいから、長方形であ
る。…①

よって、PE = GF…②

△DPBと△GBPにおい
て、

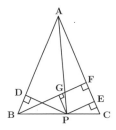

∠PDB = ∠BGP = 90°…③

共通な辺だから、BP = PB…④

AB = ACより、∠DBP = ∠ACP

①よりGP // ACで、同位角は等しいから、

∠ACP = ∠GPB

よって、∠DBP = ∠GPB…⑤

③、④、⑤より、直角三角形の斜辺と1つの鋭角が

それぞれ等しいから、△DPB ≡ △GBP

合同な図形の対応する辺の長さは等しいから、

DP = GB…⑥

②、⑥より、PD + PE = BG + GF = BF

よって、点Pが辺BC上のどの位置にあっても

PD + PEの長さは一定である。

---

21 相似な図形   本冊 P.090,091

解答

1 (1)$x = \dfrac{8}{5}$　(2)18cm²　(3)$\dfrac{9}{2}$ cm　(4)375 π cm³

2 (1)【証明】△ABEと△ACDにおいて、

仮定より、∠ABE = ∠ACD…①

対頂角は等しいから、

∠BAE = ∠CAD…②

①、②より、2組の角がそれぞれ等しいから、

△ABE ∽ △ACD

(2)【証明】△ABCと△ACDにおいて、

仮定より、∠ABC = ∠ACD…①

共通な角だから、∠BAC = ∠CAD…②

①、②より、2組の角がそれぞれ等しいから、

△ABC ∽ △ACD

(3)【証明】△ABCと△CFDにおいて、

仮定より、∠ABC = ∠CFD = 90°…①

四角形DBCEは平行四辺形なので、DE // BC

平行線の錯角は等しいから、

∠ACB = ∠CDF…②

①、②より、2組の角がそれぞれ等しいから、

△ABC ∽ △CFD

(4)【証明】△AFEと△ACGにおいて、

共通な角だから、∠FAE = ∠CAG…①

仮定より、AE : AG = 5 : 9…②

△BCFと△BDEにおいて、△ABCと△BDEは合同

な2つの二等辺三角形なので∠BCF = ∠BDE…③

共通しているので∠CBF = ∠DBE…④

③、④より△BCF ∽ △BDE　相似比はBC : BD =

2 : 3なのでCF = $\dfrac{2}{3}$ DE = $\dfrac{2}{3}$ × 4 = $\dfrac{8}{3}$

よって、AF = AC − FC = 6 − $\dfrac{8}{3}$ = $\dfrac{10}{3}$ (cm)

したがって、AF : AC = $\dfrac{10}{3}$: 6 = 5 : 9…⑤

①、②、⑤より、2組の辺の比とその間の角がそれ

ぞれ等しいから、△AFE ∽ △ACG

(5)【証明】△AEFと△DABにおいて、

仮定より、∠EAF = ∠ADB…①

AB = BE = 4cm、∠ABE = 60°より、

△ABEは正三角形だから、

∠AEF = 180° − ∠AEB = 180° − 60°

= 120°…②

四角形ABCDは∠ABC = 60°の平行四辺形だから、

∠DAB = 180° − 60° = 120°…③

②、③より、∠AEF = ∠DAB…④

①、④より、2組の角がそれぞれ等しいから、

△AEF ∽ △DAB

解説

1 (1)相似比はAB : DE = 5 : 4だから、

AC：$x = 5 : 4$，$2 : x = 5 : 4$，$5x = 8$，$x = \dfrac{8}{5}$(cm)

(2)△ABCと△DEFの相似比が2：3だから、

面積比は、$2^2 : 3^2 = 4 : 9$

△DEFの面積をSとすると、

$8 : S = 4 : 9$，$4S = 72$，$S = 18$(cm²)

(3)△ABCと△DBEにおいて、

仮定より∠BAC = ∠BDE…①

共通な角だから、∠ABC = ∠DBE…②

①、②より、2組の角がそれぞれ等しいから、

△ABC∽△DBE

よって、BA：BD = BC：BE

$9 : BD = 6 : 3$，$6BD = 27$，$BD = \dfrac{9}{2}$(cm)

(4)立体Fと立体Gの相似比が3：5だから、

体積比は、$3^3 : 5^3 = 27 : 125$

Gの体積をVとすると、

$81\pi : V = 27 : 125$，$27V = 81\pi \times 125$，

$V = 375\pi$(cm³)

---

22 平行線と線分の比 本冊 P.094,095

解答

1 (1)3cm　(2)$x = 6$　(3)$\dfrac{27}{7}$cm　(4)7cm

(5)$\dfrac{12}{5}$cm　(6)$\dfrac{2}{15}$倍

2 (1)$\dfrac{14}{3}$cm　(2)$\dfrac{10}{3}$cm

3 (1)$\dfrac{10}{3}$cm　(2)$\dfrac{16}{5}$倍

4 6.4m

解説

1 (4)ACとEFの交点をGとする。

中点連結定理より、$EG = \dfrac{1}{2}BC = \dfrac{11}{2}$(cm)

また、$FG = \dfrac{1}{2}AD = \dfrac{3}{2}$(cm)

よって、$EF = EG + FG = \dfrac{11}{2} + \dfrac{3}{2} = 7$(cm)

---

(5)EF = xとすると、

BF：FC = $(6 - x) : x$

また、BF：FC = $x : (4 - x)$

よって、$(6 - x) : x = x : (4 - x)$

$x^2 = (6 - x)(4 - x)$

$10x = 24$　$x = \dfrac{24}{10} = \dfrac{12}{5}$　よって、EF = $\dfrac{12}{5}$cm

(6)平行四辺形ABCDの面積をSとする。

△AEDで、ADを底辺とみると、

DE：DC = 2：3より、高さは平行四辺形ABCDの

$\dfrac{2}{3}$だから、△AED = $\dfrac{1}{2}$S$\times \dfrac{2}{3} = \dfrac{1}{3}$S

また、△AFB∽△EFDより、

AF：EF = AB：ED = 3：2　したがって、

△DFE = $\dfrac{2}{5}$△AED = $\dfrac{2}{5} \times \dfrac{1}{3}$S = $\dfrac{2}{15}$S

よって、△DFEの面積は平行四辺形ABCDの面積の

$\dfrac{2}{15}$倍

2 (1)AE = $9 - 3 = 6$(cm)

AE：AB = EF：BC，6：9 = EF：7、

$9EF = 42$　EF = $\dfrac{42}{9} = \dfrac{14}{3}$(cm)

(2)EF∥BCより錯角は等しいから、

∠EDB = ∠CBD

よって、△EBDはEB = EDの二等辺三角形である。

したがって、ED = EB = 3cm

$FD = EF - ED = \dfrac{14}{3} - 3 = \dfrac{5}{3}$(cm)

△FCDも同様にFD = FCの二等辺三角形だから、FC

= FD = $\dfrac{5}{3}$cm　AF：FC = 2：1より、

$AF = \dfrac{5}{3} \times 2 = \dfrac{10}{3}$(cm)

3 (1)BDは∠ABCの二等分線だから、

BA：BC = AD：CD、4：5 = $(6 - CD) : CD$、

$4CD = 30 - 5CD$，$9CD = 30$，$CD = \dfrac{30}{9} = \dfrac{10}{3}$

よって、CE = CD = $\dfrac{10}{3}$cm

(2)△ABDの面積をSとする。

△ABD：△CBD = AD：CD = 4：5，△CBD = $\dfrac{5}{4}S$

△ABD∽△CBEで、相似比はAB：CB＝4：5より、
面積比は$4^2:5^2=16:25$

△ABD：△CBE＝16：25、△CBE＝$\dfrac{25}{16}S$

△CDE＝△CBE－△CBD＝$\dfrac{25}{16}S-\dfrac{5}{4}S=\dfrac{5}{16}S$

よって、△ABDの面積は△CDEの面積の$\dfrac{16}{5}$倍

4 鉄棒と電柱で、それぞれ高さと影の長さの先を結ぶ
と、2つの三角形は相似である。
よって、電柱の高さをxとすると、1.6：x＝2：8、
$2x=12.8$、$x=6.4$　よって、電柱の高さは6.4m

23 円の性質

解答

1 (1)127°　(2)125°　(3)6cm

2 (1)29°

(2)①55°

②【証明】△ACFと△CADにおいて、AC共通…①
　　ACは直径で弧ACに対する円周角は等しいので、
　　∠AFC＝∠CDA＝90°…②
　　弧CFに対する円周角は等しいので、
　　∠CAF＝∠CDF…③
　　AC／／DFより錯角が等しいので、
　　∠ACD＝∠CDF…④
　　③、④より、∠CAF＝∠ACD…⑤
　　①、②、⑤より、直角三角形の斜辺と1つの鋭角が
　　それぞれ等しいので、△ACF≡△CAD
　　対応する辺の長さは等しいので、AF＝CD

3 (1)【証明】△AGDと△ECBにおいて、AD＝AFよ
　　り、∠ADG＝∠AFD
　　弧ADの円周角より、∠AFD＝∠ABD
　　仮定より、∠ABD＝∠EBC
　　よって、∠ADG＝∠EBC…①
　　また、∠DAG＝∠DAC＋∠EAB
　　弧CDの円周角より、∠DAC＝∠DBC
　　仮定より、∠DBC＝∠ABE
　　よって、∠DAG＝∠ABE＋∠EAB
　　△ABEの外角より、∠ABE＋∠EAB＝∠BEC
　　よって、∠DAG＝∠BEC…②
　　①、②より、2組の角がそれぞれ等しいので、
　　△AGD∽△ECB

(2)36°

4 (1)イ

(2)【証明】△ABPにおいて、仮定より、AB＝APなの
　　で、△ABPは二等辺三角形である。
　　二等辺三角形の底角は等しいので、
　　∠ABP＝∠APB　よって∠ABP＝∠QPR…⑦
　　四角形ABCDは長方形なので、AB／／DC
　　平行線の同位角は等しいので、
　　∠ABP＝∠QRP…⑦
　　⑦、⑦より、∠QPR＝∠QRP
　　△QRPにおいて、2つの角が等しいので△QRPは
　　二等辺三角形である。

解説

1 (1)円周角の定理より、∠ADB＝∠ACB＝92°
その外角を考えて、四角形の内角の和が360°であるこ
とから、
∠x＝360°－(88°＋88°＋57°)＝127°

(2)△OEDは、OE＝ODの二等辺三角形だから、
∠ODE＝∠OED＝35°、
∠EOD＝180°－35°×2＝110°
△ODEで、三角形の外角の性質より、
∠AOE＝∠COD＝35°＋35°＝70°
∠xは、E、Dをふくむ$\overset{\frown}{AC}$の円周角なので、

∠x＝$\dfrac{1}{2}$(∠AOE＋∠EOD＋∠COD)

　＝$\dfrac{1}{2}$(70°＋110°＋70°)＝125°

(3)弧BCに対する中心角である∠BOCは60°
△BOCは、OB＝OC、∠BOC＝60°であるので正三
角形となる。よってBC＝6cmである。

2 (1)∠EBC＝86°－21°＝65°、∠BAD＝65°×2＝
130°、∠BDA＝∠BCA＝21°
∠ABE＝180°－(130°＋21°)＝29°

(2)①△DBCで、DB＝DCより、
∠CBD＝(180°－70°)÷2＝55°
円周角の定理より、∠CAD＝∠CBD＝55°

3 (2)弧AF、弧FBに対する円周角をそれぞれ$5x$、$3x$
とし、∠BAC＝yとすると、
△ABEの外角より、$5x+y=76°$…①
△ABCの内角の和より、$18x+y=180°$…②
①×18－②×5より、$13y=468°$、$y=36$

4 (1)∠PAC＝$x°$とおく。弧PCに対する円周角なので

∠PBC ＝ ∠PAC ＝ x°

四角形ABCDは長方形なので∠ABC ＝ 90°

よって$x = 90 - a$

24 三平方の定理　本冊 P.102,103

解答

1 (1)$4\sqrt{3}$ cm　(2)$6\sqrt{3}$ cm²

2 (1)ⅰ ウ　ⅱ オ　(2)$2\sqrt{7}$ cm　(3)$\dfrac{9\sqrt{7}}{5}$ cm²

(4)$\dfrac{4\sqrt{14}}{5}$ cm

3 (1)14cm²

(2)①$7:10$　②$\dfrac{10}{3}$ cm²　③$21:13:17$

4 (1)【証明】△ABQと△PDQにおいて、

四角形ABCDは長方形であり、対角線BDで折り返

しているから、AB ＝ PD…①

∠BAQ ＝ ∠DPQ…②

対頂角は等しいから、

∠AQB ＝ ∠PQD…③

三角形の内角の和が180°であることと、②、③よ

り、∠ABQ ＝ ∠PDQ…④

①、②、④より、1組の辺とその両端の角がそれぞ

れ等しいから、△ABQ≡△PDQ

(2)$\dfrac{21}{5}$ 倍

解説

1 (1)三平方の定理より、AC² ＝ 4² ＋ $(4\sqrt{2})^2$

これを解くと、AC ＝ $4\sqrt{3}$

(2)△ABPは、∠BPA ＝ 60°の直角三角形だから、BP

＝ $\dfrac{1}{\sqrt{3}}$ AB ＝ $2\sqrt{3}$

したがって、△ABP ＝ $\dfrac{1}{2} \times 2\sqrt{3} \times 6 = 6\sqrt{3}$

2 (2)半円の弧に対する円周角により、∠ACB ＝ 90°

よって、△ABCで三平方の定理より、

BC ＝ $\sqrt{8^2 - 6^2} = 2\sqrt{7}$

(3)(1)の証明より、△ACE∽△ODEで相似比は、AC：

OD ＝ 6：4 ＝ 3：2

よって、AE：OE ＝ 3：2

AO ＝ OBだから、AE：EB ＝ 3：(2＋5) ＝ 3：7

△ABC ＝ $6 \times 2\sqrt{7} \times \dfrac{1}{2} = 6\sqrt{7}$

△ACE ＝ $6\sqrt{7} \times \dfrac{3}{10} = \dfrac{9\sqrt{7}}{5}$

(4)CからABに垂線CHを

ひく。CH ＝ hとおくと△

ABCの面積から、

$6 \times 2\sqrt{7} \times \dfrac{1}{2} = 8 \times h \times \dfrac{1}{2}$

これを解くと、$h = \dfrac{3\sqrt{7}}{2}$

このとき、

AC：CH ＝ 6：$\dfrac{3\sqrt{7}}{2}$ ＝ 4：$\sqrt{7}$

AC：AH ＝ 4：$\sqrt{4^2 - (\sqrt{7})^2}$ ＝ 4：3より、

AH ＝ $6 \times \dfrac{3}{4} = \dfrac{9}{2}$

(3)よりAE ＝ $4 \times \dfrac{3}{5} = \dfrac{12}{5}$なので、EH ＝ $\dfrac{9}{2} - \dfrac{12}{5} = \dfrac{21}{10}$

△CEHで三平方の定理より、CEの長さを求める。

CH：EH ＝ $\dfrac{3\sqrt{7}}{2}$：$\dfrac{21}{10}$ ＝ $5\sqrt{7}$：7

CE：EH ＝ $\sqrt{(5\sqrt{7})^2 + 7^2}$：7 ＝ $\sqrt{224}$：7 ＝ $4\sqrt{14}$：7

より、CE ＝ $\dfrac{21}{10} \times \dfrac{4\sqrt{14}}{7} = \dfrac{6\sqrt{14}}{5}$

CE：DE ＝ 3：2だから、$\dfrac{6\sqrt{14}}{5} \times \dfrac{2}{3} = \dfrac{4\sqrt{14}}{5}$

3 (1)△CDEで、三平方の定理より、

CE ＝ $\sqrt{5^2 - 3^2} = 4$

よって、△ACE ＝ 7×4÷2 ＝ 14

(2)①△AHE∽△CHBなので、

AH：CH ＝ AE：CB ＝ 7：10

②DGは、∠ADCの二等分線だから、

AG：GC ＝ AD：CD ＝ 10：5 ＝ 2：1

△ACD ＝ $\dfrac{1}{2} \times 10 \times 4 = 20$

△CGF ＝ △AGD×$\left(\dfrac{1}{2}\right)^2$ ＝ △ACD×$\dfrac{2}{3} \times \dfrac{1}{4} = \dfrac{10}{3}$

③①よりAH：CH ＝ 7：10、②よりAG：GC

＝ 2：1だから、比の数を合わせて、

AH：CH ＝ 7：10 ＝ 21：30、

AG：GC ＝ 2：1 ＝ 34：17

よって、AH：HG：GC ＝ 21：(34－21)：17

= 21 : 13 : 17

4 (2)AQ = x cm とすると、QD = QB = $(12 - x)$ cm と表される。

△ABQ について三平方の定理より、

$4^2 + x^2 = (12 - x)^2$ を解いて、$x = \dfrac{16}{3}$

よって、AQ = $\dfrac{16}{3}$、QD = $\dfrac{20}{3}$

△AQP と△DQB の相似比は4：5なので、AP：DB = 4：5

また、点R はBD の中点なので、BD：BR = 2：1

よって、AP：BR = 8：5、△ASP∽△RSB より、AS：RS = 8：5 となる。したがって、

$\triangle BRS = \dfrac{5}{13} \triangle ABR = \dfrac{60}{13}$

また△BDP = $\dfrac{1}{2} \times 12 \times 4 = 24$ となるので、

四角形RDPS = △BDP − △BRS = $\dfrac{252}{13}$

四角形RDPS：△BRS = $\dfrac{252}{13} : \dfrac{60}{13} = 21 : 5$

---

25 三平方の定理の利用   本冊 P.106,107

解答

1 (1)$36\sqrt{3}$ cm³   (2)$\dfrac{10\sqrt{3}}{3}$ cm   (3)$5\sqrt{2}$ cm

　　(4)① 12cm³   ② $6\sqrt{2}$ cm

2 (1)$\dfrac{4}{3}$ cm   (2)$2\sqrt{13}$ cm

3 17cm

4 (1)オ   (2)48cm³

5 $\left(8 + \dfrac{4\sqrt{2}}{3}\right)$ cm³

解説

1 (1)平面図より、底面積が、$6 \times 6 = 36$

立面図より、1辺の長さが6の正三角形の高さは、$3\sqrt{3}$

となる。これが立体の高さである。よって、求める体積は、$\dfrac{1}{3} \times 36 \times 3\sqrt{3} = 36\sqrt{3}$

(2)立方体 ABCD − EFGH の1辺の長さは、10cmな

で、三角すい H − DEG の体積は、

$\dfrac{1}{3} \times \dfrac{1}{2} \times 10 \times 10 \times 10 = \dfrac{500}{3}$

△DEG は、1辺の長さ $10\sqrt{2}$ cm の正三角形だから、その面積は、$\dfrac{1}{2} \times 10\sqrt{2} \times (5\sqrt{2} \times \sqrt{3}) = 50\sqrt{3}$

よって、求める高さを h とすると、

$\dfrac{1}{3} \times 50\sqrt{3} \times h = \dfrac{500}{3}$、$h = \dfrac{10\sqrt{3}}{3}$

(3)AH を求めればよく、△AEH において、三平方の定理より、AH = $\sqrt{5^2 + 5^2} = 5\sqrt{2}$

(4)①（三角錐BQFP）

$= \dfrac{1}{3} \triangle PQF \times BF = 12$

②右の展開図より、
PR = $\sqrt{2}$ PP′ = $6\sqrt{2}$

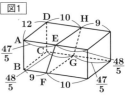

2 (1)右のような展開図で考える。AH∥BF だから、平行線と線分の比より、

AH：BF = 1：2

△GHA∽△GFC だから、

AG = AC $\times \dfrac{1}{1+2} = \dfrac{4}{3}$

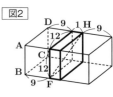

(2)右上の展開図で、AB = AE = BC より、

BC：EB = 1：2 であり、∠EBF = 60° であることから、∠FCE = 90°

よって、EF = $\sqrt{FC^2 + EC^2} = \sqrt{2^2 + (4\sqrt{3})^2}$
$= 2\sqrt{13}$

3 AE + CG = 9.4 + 9.6 = 19

BF + DH = 9 + 10 = 19

であるから、右の図1のように、1辺12cmの正方形を底面とし、高さ19cmの直方体を2等分してできるのが立体 ABCD − EFGH である。右の図2の太線で示した直方体の対角線とみると、

FH = $\sqrt{12^2 + 12^2 + 1^2}$
$= 17$ となる。

4 (1)点と辺の距離は、点から辺に垂直におろしたもの

なので オ

(2)頂点をB、底面を平行四辺形CHDIと考える。(1)より、BGが面CHDIに垂直であることから高さとなり、△ABCの面積から、

$8 \times 4 \times \dfrac{1}{2} = 4\sqrt{5} \times BG \times \dfrac{1}{2}$、$4\sqrt{5}\,BG = 32$、

$BG = \dfrac{8\sqrt{5}}{5}$

したがって、求める体積は、

$(平行四辺形CHDI) \times BG \times \dfrac{1}{3} = \dfrac{9}{2} \times 4\sqrt{5} \times \dfrac{8\sqrt{5}}{5}$

$\times \dfrac{1}{3} = 48$

よって、求める体積は、48cm³である。

5 立方体の体積は、$2^3 = 8$cm³

正四角錐の底面積は、$2^2 = 4$cm²

正四角錐の高さは、三平方の定理より$\sqrt{2}$ cm

よって、正四角錐の体積は、$4 \times \sqrt{2} \times \dfrac{1}{3} = \dfrac{4\sqrt{2}}{3}$

求める体積は、$\left(8 + \dfrac{4\sqrt{2}}{3}\right)$cm³ となる。

26 図形融合問題　本冊 P.110,111

解答

1 (1)【証明】△AEFと△DCEにおいて、

四角形ABCDは長方形なので、

$\angle A = \angle D = 90°\cdots$①

$\angle FEC = 90°$だから、

$\angle AEF = 180° - \angle FEC - \angle DEC$

$= 90° - \angle DEC\cdots$②

また、△DCEで$\angle EDC = 90°$だから、

$\angle DCE = 180° - \angle EDC - \angle DEC$

$= 90° - \angle DEC\cdots$③

②、③より、$\angle AEF = \angle DCE\cdots$④

①、④より、2組の角がそれぞれ等しいので、

△AEF∽△DCE

(2)$2\sqrt{5}$ cm　(3)$18\sqrt{5}$ cm²

2 (1)【証明】△APOと△BPOにおいて、

POは共通…①

円の半径なので、OA = OB…②

A、Bは接点なので、$\angle PAO = \angle PBO = 90°$…③

①、②、③より、直角三角形で斜辺と他の一辺が

それぞれ等しいので、△APO≡△BPO

したがって、PA = PB

(2)$4\sqrt{15}$ cm

3 (1)【証明】△ABCと△BDCにおいて、

ABは直径なので、$\angle ACB = \angle BCD = 90°\cdots$①

△ABCで、$\angle ACB = 90°$より、

$\angle BAC = 90° - \angle ABC\cdots$②

また、$\angle ABD = 90°$より、

$\angle DBC = 90° - \angle ABC\cdots$③

②、③より、$\angle BAC = \angle DBC\cdots$④

①、④より、2組の角がそれぞれ等しいので、

△ABC∽△BDC

(2)①$\sqrt{3}$ cm　②$\dfrac{5\sqrt{3}}{4} - \dfrac{\pi}{2}$ (cm²)

4 (1)$(90 - a)°$　(2)$5\sqrt{2}$ cm

(3)a IGD　b IDG　c ウ

(4)$\sqrt{29}$ cm

解説

1

(2)直角三角形AEFにおいて、折り返しより、EF = BF = AB - AF = 6(cm)

三平方の定理より、$AE = \sqrt{6^2 - 4^2} = 2\sqrt{5}$ (cm)

(3)△AEF∽△DCEより、

AE : DC = AF : DE、$2\sqrt{5} : 10 = 4 : DE$

$DE = 4\sqrt{5}$

AF : FB = 4 : 6 = 2 : 3、EG : GC = $4\sqrt{5} : 6\sqrt{5}$ = 2 : 3より、AF : FB = EG : GCなので、FG∥BCとなる。

よって、△FBC = △GBC

したがって、

四角形BGEF

= 長方形ABCD - △AEF - △DCE - △GBC

= 長方形ABCD - △AEF - △DCE - △BCF

= $10 \times 6\sqrt{5} - 2\sqrt{5} \times 4 \div 2 - 4\sqrt{5} \times 10 \div 2 - 6\sqrt{5}$ $\times 6 \div 2 = 18\sqrt{5}$

2 (2)中心Rから半径OAに垂線RHをひくと、

OR : OH : RH = 4 : 1 : $\sqrt{15}$

よって、OP : OA = 4 : 1より、OP = 20

したがって、PQ = 15

ゆえに、$PC = PQ \times \dfrac{4}{\sqrt{15}} = 4\sqrt{15}$

3 (2)①△ABC∽△BDCより、BC : 1 = 3 : BC

$BC^2 = 3$　BC > 0　よって、BC = $\sqrt{3}$

②求める面積 =（四角形COBD）−（おうぎ形OBC）である。

おうぎ形OBCについて、$AC : BC = 3 : \sqrt{3}$
$= \sqrt{3} : 1$ で、$\angle ACB = 90°$ より、$\triangle ABC$ は、内角が
$90°$、$60°$、$30°$ の直角三角形である。よって、$\triangle COB$
は正三角形であり、$\angle COB = 60°$
したがって、おうぎ形OBCの面積は

$$\pi \times (\sqrt{3})^2 \times \frac{1}{6} = \frac{\pi}{2} \,(\text{cm}^2)$$

次に、四角形COBDについて、四角形COBDの面積は、
$\triangle COB$ と $\triangle DCB$ の面積の和とみることができる。
$\triangle COB$ は1辺 $\sqrt{3}$ cm の正三角形なので、その面積は、

$$\frac{1}{2} \times \sqrt{3} \times \frac{3}{2} = \frac{3\sqrt{3}}{4} \,(\text{cm}^2)$$

$\triangle DCB$ は $CD = 1$cm、$CB = \sqrt{3}$ cm より、その面積は、

$$\frac{1}{2} \times 1 \times \sqrt{3} = \frac{\sqrt{3}}{2} \,(\text{cm}^2)$$

よって、求める面積は、

$$\frac{3\sqrt{3}}{4} + \frac{\sqrt{3}}{2} - \frac{\pi}{2}$$

$$= \frac{5\sqrt{3}}{4} - \frac{\pi}{2} \,(\text{cm}^2)$$

4 (1)$\triangle ABE$ は、$\angle B = 90°$ の直角三角形だから、
$\angle BAE = 180° - (90° + a°) = (90 - a)°$
(2)$\triangle FDH$ で、$FH = DH = 5$、$\angle FHD = 90°$ だから、三
平方の定理より、$FD^2 = 5^2 + 5^2 = 50$
$FD > 0$ より、$FD = \sqrt{50} = 5\sqrt{2}$
(4)$\triangle DEC \backsim \triangle IDG$ より、
$DC : IG = EC : DG = 10 : 5 = 2 : 1$
よって $IG = \frac{1}{2}DC = \frac{1}{2} \times 6 = 3$
$FI = FG - IG = 5 - 3 = 2$
$\triangle FIH$ で、三平方の定理より、
$HI^2 = 5^2 + 2^2 = 29$　$HI > 0$ より、$HI = \sqrt{29}$

---

27 データの分析と活用 　本冊 P.114,115

解答

1 (1)18　(2)エ　(3)0.35　(4)エ
2 (1)20m以上25m未満の階級　(2)ア、エ
3 ウ、オ、キ

解説

1 (1)(ア)にあてはまる度数を x とする。A中学校の10m
以上20m未満の階級の相対度数 $\frac{66}{220}$ とB中学校の

10m以上20m未満の階級の相対度数 $\frac{x}{60}$ が等しいの

で、$\frac{66}{220} = \frac{x}{60}$

これを解くと、$x = 18$

(2)平均値：$\frac{54}{12} = 4.5$ 冊

最頻値：3冊
中央値：4冊
$a = 4.5$、$b = 3$、$c = 4$
よって、エとなる。
(3)中央値は大きさの順に20、21番目の平均であり、各
階級の度数を小さいほうから加えて、$2 + 4 + 12 = 18$
よって、6時間以上8時間未満の階級に中央値がふくま
れている。

したがって、相対度数は $\frac{14}{40} = 0.35$

(4)中央値は6番目なので、2点。
最頻値は1点。
平均値は、$(0 + 1 \times 4 + 2 \times 3 + 3 \times 2 + 4 \times 1)$
$\div 11 = 1.8\cdots$ 点
よって、中央値は平均値より大きいのでエ
2 (1)中央値は大きさの順に50、51番目の平均であり、
各階級の度数を小さいほうから加えて、$3 + 17 + 26 = 46$
よって、20m以上25m未満の階級に入っている。
(2)ア：B中学校の中央値は、大きさの順に25、26番目
の平均であり、各階級の度数を小さいほうから加えて、
$1 + 8 + 15 = 24$ となり、中央値は20m以上25m未満
の階級に入っている。
エ：記録が25m以上30m未満の階級の相対度数は、
A中学校：$20 \div 100 = 0.2$
B中学校：$6 \div 50 = 0.12$
よって、A＞B
3 表より
・1時間あたりの合格品の数は、
A：114、B：144、C：188である。
よって、ウ
・1時間あたりの合格品を作る割合は、

$A : \dfrac{114}{120} = 0.95$、$B : \dfrac{144}{150} = 0.96$、$C : \dfrac{188}{200} = 0.94$

よって、オ

・1時間あたりの平均値は、

$A : \dfrac{4.6 \times 4 + 5.0 \times 114 + 5.4 \times 2}{120} = 4.99\cdots$

$B : \dfrac{4.6 \times 3 + 5.0 \times 144 + 5.4 \times 3}{150} = 5$

$C : \dfrac{4.6 \times 5 + 5.0 \times 188 + 5.4 \times 7}{200} = 5.004$

よって、キ

28 確率

本冊 P.118,119

解答

1 (1) $\dfrac{11}{36}$　(2) $\dfrac{4}{9}$　(3) $\dfrac{2}{9}$　(4) $\dfrac{8}{15}$

(5) あ…7　いう…12　(6) $\dfrac{2}{9}$

2 (1) 6通り

(2) ア

(選んだ理由)

赤玉を●とする。

pについて

玉の取り出し方をすべてあげると

（●、①）（●、②）（●、③）

（①、②）（①、③）（②、③）

よって、$p = \dfrac{1}{2}$

qについて

赤玉が出る場合を〇、赤玉が出ない場合を×としてまとめると、

	●	①	②	③
●	〇	〇	〇	〇
①	〇	×	×	×
②	〇	×	×	×
③	〇	×	×	×

よって、$q = \dfrac{7}{16}$

よって、pの方が大きい。

3 (1) 15通り　(2) 64通り　(3) 7通り

解説

1 (1) 全部で36通り。

積が5の倍数になるのは、

（1、5）、（2、5）、（3、5）、（4、5）、

（5、5）、（6、5）、（5、1）、（5、2）、

（5、3）、（5、4）、（5、6）の11通り。よって、$\dfrac{11}{36}$

(2) 1から9の中で6の約数は、1、2、3、6の4つなので、$\dfrac{4}{9}$

(3) 2つの箱A、Bからカードを1枚ずつ取り出す方法は

$3 \times 3 = 9$（通り）

このうち、数の積が16であるのは、

$(A、B) = (2、8)$、$(4、4)$の2通りだから、

求める確率は、$\dfrac{2}{9}$

(4) すべての起こりうる場合は、6個の玉をそれぞれ赤1、赤2、赤3、赤4、白1、白2とすると以下の15通り。

（赤1、赤2）、（赤1、赤3）、（赤1、赤4）

（赤1、白1）、（赤1、白2）、（赤2、赤3）

（赤2、赤4）、（赤2、白1）、（赤2、白2）

（赤3、赤4）、（赤3、白1）、（赤3、白2）

（赤4、白1）、（赤4、白2）、（白1、白2）

このうち、赤と白が1個ずつの場合は8通りであるから、$\dfrac{8}{15}$

(5) 全体の場合の数は、$6^2 = 36$（通り）

　　$a \geqq b$となるのは、

（1、1）、（2、1）、（2、2）、（3、1）、

（3、2）、（3、3）、（4、1）、（4、2）、

（4、3）、（4、4）、（5、1）、（5、2）、

（5、3）、（5、4）、（5、5）、（6、1）、

（6、2）、（6、3）、（6、4）、（6、5）、

（6、6）の21通り。

よって、$\dfrac{21}{36} = \dfrac{7}{12}$　あ…7　いう…12

(6) 作ることのできる2けたの素数は、

11、13、23、31、41、43、53、61の8個なので、

$\dfrac{8}{36} = \dfrac{2}{9}$

2 (1) $3 \times 2 = 6$通り

3 (1) 6枚中表になる2枚の組み合わせは、

$$\frac{6 \times 5}{2} = 15 \text{通り}$$

(2)1枚のメダルは、表が出るか裏が出るかの2通り。それが6枚あるので、$2^6 = 64$通り。

(3)表が1枚のとき、1、4、9が出れば、$\sqrt{a}$ は整数になる。

表が2枚のとき、(1、4)、(1、9)、(2、8)、(4、9)が出れば、$\sqrt{a}$ は整数になる。

よって、$3 + 4 = 7$通り

29 箱ひげ図　　本冊 P.122,123

解答

1 (1)ウ　(2)イ、エ　(3)5回　(4)$a = 7$、$b = 16$

2 (I)イ　(II)ア　(III)ウ

3 (1)53分　(2)55分　(3)イ、エ

解説

1 (1)箱ひげ図の箱は、第1四分位数と第3四分位数を両端とする長方形で、中央値で箱の内部に線をひくこととなっている。

よって、箱の中央が必ず平均値になるとは限らない。

(2)ア：箱ひげ図から数学も英語も中央値が60点である。

イ：四分位範囲は、

数学が、$80 - 50 = 30$（点）

英語が、$70 - 45 = 25$（点）である。

ウ：数学が90点、英語が80点の生徒がいることはわかるが、同じ生徒であるかはわからない。

エ：生徒数が35人であるため中央値は下から18番目の生徒の得点である。

第3四分位数は下から19番目から35番目までの17人の生徒の中央の生徒、すなわち27番目の生徒の得点である。

つまり、数学では下から27番目の生徒の得点が80点であるといえる。

(3)小さいほうから大きさの順に並べると、次のようになり、中央値は6である。

2、3、④、5、5、6、7、8、⑨、9、10

第1四分位数は4、第3四分位数は9より、

（四分位範囲）$= 9 - 4 = 5$

(4)11人の得点を小さいほうから順に並べると、

5、7、⑦、8、10、11、13、14、⑯、19、20

図の a、b はそれぞれ第1四分位数と第3四分位数を表

しているから、$a = 7$、$b = 16$ である。

2 (I)四分位範囲は、箱の横の長さにあたるから、四分位範囲が最も大きいのは、C組である。

よって、正しくない。

(II)B組の中央値は、20冊未満の値、A、C組の中央値は20冊より大きい値なので、正しい。

(III)B組の箱ひげ図をみてみると、30冊以上35冊以下はひげの一部分なので、30冊以上35冊以下の生徒がいるのかは判断できない。よって、この資料からはわからない。

3 (1)（四分位範囲）$=$（第3四分位数）$-$（第1四分位数）なので、$85 - 32 = 53$（分）

(2)2組は35人だから、中央値は小さいほうから18番目のデータである。したがって、第3四分位数は、小さいほうから、$18 + (17 + 1) \div 2 = 27$番目のデータであり、55分となる。

(3)ア：2組の第1四分位数は、小さいほうから、

$(17 + 1) \div 2 = 9$（番目）のデータで16分だから、2組の四分位範囲は、$55 - 16 = 39$（分）

イ：1組の範囲は、$115 - 15 = 100$（分）

2組の範囲は、$105 - 5 = 100$（分）

ウ：2組は、図2のデータから、利用時間が55分の生徒が1人いることがわかる。

1組は、図1の箱ひげ図から、利用時間が55分の生徒がいるかどうか読み取ることができない。

エ：1組の第1四分位数は、小さいほうから9番目で、図1から32分である。

オ：図1の箱ひげ図から読み取れるのは、小さいほうから1番目（最小値）、9番目（第1四分位数）、18番目（第2四分位数）、27番目（第3四分位数）、35番目（最大値）のデータだけだから、利用時間の平均値が52分であるかどうか判断できない。

30 標本調査　　本冊 P.126,127

解答

1 (1)およそ169匹　(2)標本を無作為に抽出したことにならないため　(3)およそ150個　(4)イ
(5)およそ310個

2 (1)イ

（個数を求める方法）キャップと回収箱を合わせた全体の重さから、空の回収箱の重さをひいて、キャップ1個の重さでわればよい。

(2)およそ1250個

3 (1)20個

(2)ア

（選んだ理由）〈実験〉を5回行った結果から、白球
の個数の平均は20個であるので、取り出した60個
のうち赤球と白球の個数の比はおよそ、赤球：白球
＝40：20＝2：1とわかる。

したがって、はじめに袋の中に入っていた赤球の個
数をx個とすると、白球が400個なので、

x：400＝2：1

すなわち、$x = 400 \times 2 = 800$より、はじめに袋に
入っていた赤球は800個と推測できる。

解説

1 (1)この養殖池にいる魚の総数をx匹とすると、x：
$22 = 23 : 3$、$3x = 506$、$x = 168.66666\cdots$

小数第1位を四捨五入するので、およそ169匹

(2)母集団からかたよりなく標本を取り出すことを「無
作為に抽出する」というので、3年生のみのアンケート
を取るということは、かたよりがでることになる。

(3)袋の中に、x個の白い碁石がふくまれているとし、比
例式で表すと、

$500 : x = 60 : 18$、$60x = 9000$、$x = 150$

(4)はじめに箱に入っていた白玉の個数をx個とすると、

$(x + 100) : 100 = 200 : 20$、$20(x + 100) = 20000$、

$20x = 20000 - 2000$、$x = 900$

よって、イ

(5)全体の玉のうち、使える玉をx個とすると、

$413 : x = 20 : 15$、$20x = 6195$、$x = 309.75$

小数第1位を四捨五入するので、およそ310個

2 (1)（キャップと回収箱を合わせた全体の重さ）－（空
の回収箱の重さ）…①

（キャップの個数）＝①÷（キャップ1個の重さ）

(2)キャップ全体の個数をx個とすると、

$x : 100 = 50 : 4$、$4x = 5000$、$x = 1250$

3 (1)仮平均を20とすると、

$\dfrac{+2-3-2+3+0}{5} = 0$より、$20 + 0 = 20$となり、平

均値は20個とわかる。

(2)比を使って、はじめに袋の中に入っていた赤球の数
を推測することができる。

Memo

Memo